数学が人生を豊かにする

Mathematics for Human Flourishing

フランシス・スー 著
Francis Su

徳田 功 訳

塀の中の青年と心優しき数学者の往復書簡

日本評論社

日本語版に寄せて

このたび、私の著書『数学が人生を豊かにする(*Mathematics for Human Flourishing*)』を日本の読者の皆様に紹介する機会に恵まれ、高揚する気持ちを抑えることができません。日本語版は、徳田功氏が細やかな注意を払って翻訳してくれました。「豊かな人生」という言葉が持つ概念は普遍的なものですが、私たちがそれぞれに味わう人生経験はきわめて個人的なものです。本書を執筆するにあたり、幅広い読者層にアピールしつつ、それぞれの読者が個人的な思いを抱くことができるようにすることが、私に課された難題でした。私のとった解決策は、多岐にわたる個人の物語を紹介し、それらを押し上げることでした。その中には、数人の日系アメリカ人の物語も含まれます。

第6章「永続性」では、松本亀太郎の心に響く物語が紹介されています。彼は、第二次世界大戦中、捕虜収容所に収監された際に、子どもたちのために幾何学的パズルを設計しました。そしてみなさんは、第10章「公正」で、私の教え子の柏田明美の物語を見聞することになります。彼女は、数学の博士号を追究する女性として、差別に直面した経験を共有してくれます。

明美の許しを得て、彼女についてもう少し書きたいと思います。彼女は、日本の伝統に忠実であり続けている人です。

彼女が、家族の行事で千羽鶴を折り、その伝統の持つ文化的な意義について教えてくれたときのことを私はよく憶えています。彼女が学部の生徒だったとき、彼女と私は、ゲーム理論のアイデアを生物学の系統樹に応用した研究論文を執筆しました。これは、通常は結びつくことのない２つの分野をつなげた革新的なもので、私の一番のお気に入りの論文の１つです。ですから、彼女が博士課程を退学したことは、数学にとって大きな損失でした。でもこのことは、彼女の影響を受けた何百人もの生徒たちにとっては、幸運な出来事だったのです。彼女は、北カリフォルニアの高校で、華麗な受賞歴を持った、数学とコンピュータ科学の教師として、第二のキャリアを歩み始めました。彼女の高校の生徒の一人が、私たちのカレッジにやってきて自分の生徒になったとき、元指導教授として私は、世代が一回りして元に戻ったように感じました！

明美は、数学で豊かになることの意味を実証しています。大変な状況にも関わらず、彼女は自分の持つ可能性を実現し、他の人たちが同じことをするのを助ける術を見出したのです。この本で、明美やその他の人たちの物語を私が伝えることで、あなたも、豊かになる道筋を見つけられることを願ってやみません。

2023年１月

フランシス・スー

序　文

この本は数学の偉大さについて書かれたものではありません。実際のところ、確かに数学は輝かしい試みなのですが、それは本書の主題ではありません。また、数学が何の役に立つのかに焦点を合わせたものでもありません。もちろん、数学でたくさんのことができるのは紛れもない事実です。これらのことよりも本書では、人間であることの意味や、より人間らしく生きることの意味としての数学を基礎として考えます。

この本は2017年１月に私がアメリカ数学協会会長の任期の最後に行ったスピーチを基に書き上げたものです。数学者の出席する会議での演説でしたが、その背景にあるテーマには普遍性があり、私の届けたメッセージは予期せぬほどの共感を呼びました。聴衆が涙ながらに反応するのを見て、万人にとって善い行いを実践し、互いにとって善き人であることを切望する話が、数学で生計を立てている人々の間でさえ、真に求められていることが分かりました。*Quanta Magazine*〔訳注：クアンタマガジン。科学と数学の複雑なトピックを過度の単純化なしに一般の読者に伝えるオンライン出版物〕や *Wired*〔訳注：ワイアード誌。未来を試作するテックカルチャー・メディア〕でこの講演の内容が伝えられると、私と同じような数学の経験をした無数の人々から手紙が届きました。そこには、数学がうまく実践できずに傷ついた経験や、数学が異なったものになりうることが分かったときの喜びの経験が綴られていました。

みなさんをこのような対話に招き入れるために、私は幅広い読者層に向けて本書を執筆しました。特に、自分のことを「数学向き」とは思っていない方々に向けています。あなたの持っている数学観に対して、私は、数学が偉大であるとか、多くの素晴らしいことを成し遂げるものだということを説きたいのではありません。むしろ、数学は人間であることと密接に関係していることを示したいのです。なぜなら、あなたの奥深くにある人としての欲望が、あなたが持っている数学的な特質を詳にしてくれるからです。あなたはそれを目覚めさせるだけでよいのです。

本書を読むのに数学の事前知識は必要ありません。私たちは数学についてそれぞれが異なる経験をしてきましたし、自然体で本書に向き合っていただくのがよいです。そこここで数学的な考え方を引き合いに出して、あなたが知っている事柄と関係していることを示すようにします。哲学や、音楽、スポーツについて日常会話をするのとまったく同じ要領です。数学を学んでいる知己に代わって本書を読んでいる方のことも考えて、数学を教えている人に対するアドバイスも折に触れて行っていきます。あなたがどのような背景の方であれ、この本が招待状となって、家庭や学校のクラス、あるいは友人同士の対話が始まり、数学のイメージを一新する方法について考えていただきたいというのが私の願いです。

数学が人生を豊かにする●目次

第 1 章
豊かな生活

すべての人は、違う存在として読まれたい、と心で叫んでいる。
シモーヌ・ヴェイユ

●囚人が数学を学ぶ?

クリストファー・ジャクソンは高セキュリティ連邦刑務所に収容されている囚人です。彼は14歳のときから法に触れる問題を起こしていました。高校も卒業せず、中毒性の高い違法薬物に溺れ、19歳のときに一連の武装強盗事件に関与して、32年間の禁固刑に処されました。

ここまで読んで、クリストファーがどのような人物か、心像が作られたでしょうし、なぜ私が彼の話から始めたのか訝しんでいるに違いないでしょう。数学を学ぶ人について考えるとき、クリストファーのことを想像する人がいるでしょうか?

それでも、7年間の受刑生活を送った後、彼は私に手紙を送ってきました。

私はいつも数学に煩わしさを感じていましたが、ごく若かったこと、そして不利な環境に置かれていたことで、その本当の意味と教育を追求していくことの恩恵を理解するには至りませんでした。

この3年というもの、代数Ⅰ・Ⅱ、初等代数、幾何学、三角法、微積分Ⅰ・Ⅱをしっかりと理解するためにたくさんの本を購入して勉強しました。

数学をする人について考えるとき、クリストファーのことを想像する人がいるでしょうか？

●思想家が数学に憧れる？

すべての人は、違う存在として読まれたい、と心で叫んでいる。

シモーヌ・ヴェイユ（1909-1943：写真1-1）は有名なフランスの宗教的神秘主義者で、世界的な尊敬を集めた思想家でもあります。彼女が、歴史上最も有名な数理論理学者であるアンドレ・ヴェイユの妹であったことは、おそらくあまり知られていません。

シモーヌにとって、誰かを読むということは、彼・彼女のことを解釈すること、あるいは判断を下すことを意味していました。彼女は、「すべての人は、違う存在として判断されたい、と心で叫んでいる」と言っています。私は彼女が自分自身の思いの丈を語っていたのではないかと思います。なぜなら、彼女も数学を愛し、参画したいと思っていたからです。でも、自分

写真1-1　1937年ころのシモーヌ・ヴェイユ
写真提供：シルビ・ヴェイユ

写真1-2　1938年ころのブルバキの会合

左の方でノートに身を乗り出しているのがシモーヌ・ヴェイユ。アンドレ・ヴェイユは鈴を鳴らしている。

写真提供：シルビ・ヴェイユ

の兄と比べて自分が劣っていると感じざるを得なかったのです。自分の恩師に宛てて彼女は次のように綴っています。

> 14歳のとき、思春期にあった私は、底のみえない絶望の淵に落ち込み、自分の生まれ持った能力の凡庸さから、真剣に死ぬことを考えました。稀代の才能に恵まれ、パスカルにも並ぶような幼少期や青年期を過ごした兄のいる家で、私は自分を落ちこぼれと感じました。目に見える成功をおさめることに興味はありませんでしたが、私を苦しめたのは、真に偉大なものだけが入国を許された、真実が居住する、超越的な王国から、自分が排除されているという考えでした[1]。

彼女の思想書の至る所に数学的な例えが用いられていることからも、シモーヌが数学を愛していたことが窺えます[2]。フランスの革新的な数学者集団であるブルバキの写真（写真1-2）で、彼女はアンドレと同じ写真に収まっていますが、彼女がひときわ孤立している様子が分かります。彼らのいたずらに満ちた会合は、女性を歓迎するような場ではなかったのでしょう[3]。

いつもアンドレの影に隠れた存在でなかったなら、彼女の数学との関わりはどのようなものだったのだろうか、と考えずにはいられません[4]。

すべての人は、違う存在として読まれたい、と心で叫んでいる。

●数学に挫折した私

私は数学に熱中している人間です。数学の教師であり、数学の研究者であり、そしてアメリカ数学協会の元会長でもあります。これらのことから、私はずっと数学とゆるぎない関係を築いてきたと思うかもしれません。成功という言葉は好きではありませんが、人々は私のことを成功者と捉え、私の受賞した賞や出版した論文で、私の数学の業績を真に測れるかのように考えます。私は中流階級の出身で、両親は私の学業と数学への探究を後押ししてくれ、成績よりも気高い考えを重んじていました。このような強みがありましたが、障壁もありました。

子どもの頃の私は、数学の美しい考え方に惹かれてもっと勉強したいと熱望しました。しかし、南テキサスの小さな田舎町で育った私には機会が限られていました。私の高校には、上級数学や科学のコースはほとんどありませんでした。生徒たちにとって大学進学は当たり前のことではなかったのです。数学に熱中している友達のネットワークは私にはありませんでした。両親は私の学修を助けようと意欲的でしたが、私の数学への興味を育てるのにどこを頼ればいいのか分かりませんでした。インターネットがまだなかった時代に、そのような支援を見つけるのは今よりも難しかったのです。公立図書館の古い書籍に頼るくらいしか、私には手がありませんでした。テキサス大学に入学すると、私の数学への愛情はますます深まり、ハーバード大学の大学院博士課程への進学が許可されました。でもそこで私は疎外感に苛まれました。なぜなら、同級生たちのほとんどと違い、私はアイビー・リーグ[i]出身ではありませんでしたし、入学時には大学院の履修コースは埋まっていませんでした。未来のアンドレ・ヴェイユたちの隣に立って、シモーヌ・ヴェイユになったように私は感じました。彼らのようにならなければ、数学で開花することはないだろうと考えました。

ある教授には、**君は数学者として成功するのに必要なものを持ち合わせていない**、と言われました。この思いやりに欠けた言葉で、私はなぜ自分が数学をやりたかったのかまで含めて考えさせられました。数学をすることは、単に数学に関する事柄を学ぶこと以上のものです。それは、新しい問題に挑む気持ちを習慣的に持ち、自分の数学を学ぶ力を信頼していることを意味します。予期せず私は、無情な言葉に傷つけられ、数学能力を疑問視された多くの人々の輪に加わることになりました。それ以外にも、数学を学ぶことの意味を疑う人は大勢いますし、質の高い数学教育を受ける機会に恵まれない人たちもいます。このような多くの障壁にぶつかる人たちを目の前にして、次のような問いかけをするのは当然でしょう。

なぜ数学をするのでしょう？

〔訳注 i〕アメリカ合衆国北東部にある裕福な私立エリート校グループの総称。

●社会って数学と関係ある？

なぜクリストファーは牢獄に座ってまで微積分の勉強をしているのでしょう？　自由の身になって数学を使うようなことは、この先25年間訪れないのです。彼にとって数学を勉強する利点は何でしょう？　なぜシモーヌは超越的な数学の真理に魅了されたのでしょう？　数学の真理をもっと知ることで、彼女は何を得るのでしょう？　自分にはその資質がないと他人から揶揄される中で、なぜ数学を勉強し、自分を数学の探究者と考え続けなければならないのでしょう？

今この瞬間、社会も、数学との関係がどうあるべきかを問うています。数学は、あなたが「学卒としてのキャリア」を積み、人生の真の目的を叶えるための道具でしかないのでしょうか？　あるいは、数学はほとんどの人には不必要で、少数のエリートだけに関係するものなのでしょうか？　自分の学んでいることをこの先使うことがないとすれば、数学を学ぶのに何の価値があるのでしょう？　今日あなたが学んだ数学は、明日の仕事では無用かもしれません。

デジタル革命によって社会に大きな転換がもたらされ、情報経済への遷移が起こる中で、人々の働き方や生活の仕方が急激に変わってゆくのを私たちは目の当たりにしています。あらゆる労働部門で、数学の道具はいまや際立って重要になっています。現在、世界で最も価値のあるとされる四大企業（アップル、グーグル、マイクロソフト、アマゾン）はいずれも技術系です[5]。これは、数学のスキルを持った人材がより脚光を浴びていることを意味します[6]。若者が成長するスパンで、日々の生活で用いられる道具も数学的になりました。私たちが思いつきで調べる際に使う検索エンジンは、線形代数で装備されたアルゴリズムや、ゲーム理論を駆使した広告で満たされています。スマートフォンは私たちにとって「デジタル版召使い」になりました。私たちのデータを収納するクローゼットを閉め

ブラウニーを分割する

数学の探究は疑問から始まります。ですから本書には、いくつかのパズル問題が散りばめてあります。重圧に感じないでください。読み飛ばしてもらっても構いませんし、興味を惹きつけられたものだけ考えてもよいです。ヒントと解答は本書の最後にまとめてありますが、それを見る前に、各問題で遊んでみることをお勧めします。

二人の娘の放課後のおやつとして、お父さんが長方形のフライパンでブラウニーを焼きます。娘たちが帰ってくる前に、妻がやってきて、フライパンの真ん中から長方形の部分を抜き取ります。ただし、長方形の各辺は、フライパンの辺と平行である必要はありません。ブラウニーに一直線の切れ目を入れることで等分割し、二人の娘が同じ分け前をもらえるようにするにはどうすればよいでしょう。

この問題の変形版は、ナショナル・パブリック・ラジオ〔訳注：アメリカ合衆国の非営利・公共のラジオネットワークの旧称〕の『Car Talk』という番組で特集されました[a]。

a) 次を参照のこと。https://www.cartalk.com/puzzler/cutting-holey-brownies

る鍵には、代数学が使われています。ボイスコマンドは、人のような感性を持った統計学を使って処理されていますし、私たちが楽しんでいる音楽のデータ圧縮には、選りすぐりの解析学が用いられています。

それでも社会は、「すべての人に対して活力ある数学教育を授ける義務がある」と本気では考えていません。十分なサポートを得ているとは言い難い教師たちが多くの学校にいます。カリキュラムや教育法は時代遅れになっています。このことが妨げとなり、数学は、物事を探究する魅力的な学問分野で、どこに住む人にとっても、その文化に関係して重要なのだということを経験できない生徒が多くいます。世間からは、「高校生は代数を学ぶ必要はない」、「数学は一部の人ができればよい」、つまり、「数学者だけがやっていればよい」という声が聞こえてきます[7]。大学の数学教員は、導入クラスの教育を実質的に放棄してしまい、大学生が卒業時に取得する数学の学士号は、数学の博士号を生産するためのパイプラインとしか考えていません。小学校から大学までのあらゆるレベルの数学教育を変えるべきだ、という要求が長年行われてきました[8]。にもかかわらず、改革は遅々として進みませんでした。数学のカリキュラムが、教育そのものの特性に関する政治論争の背景にされてしまったのもその一因でした[9]。

私たちは、人々に授けなければならない教育を怠っています。ほとんどの不正でもそうであるように、これで特に損害を被るのは一番弱い立場の人たちです。数学を学ぶ機会を失い、数学に歓迎されないことは、貧しい人々や恵まれない立場にあるグループの人々に壊滅的な結果をもたらします[10]。あらゆる人の可能性を活かせないことは、わたしたちすべてにとっての損失であり、次世代が直面する問題を解決する能力を狭めることになります。

教育の失敗は、現在の私たちの生活にもすでに影響を及ぼしています。例えば、新しいテクノロジーがどのように機能するかを理解せず、自分で判断が下せなくなると、私たちは容易に操られてしまうようになります。自分たちを分類し、監視追跡し、分断するのに、どのようにアルゴリズムが用いられているかについて、私たちは無自覚です。私たちに異なるニュースを見せ、異なるローンを払わせ、隣人とは異なる感情を呼び起こさせているのはアルゴリズムなのです[11]。自分の考案した技術を批判したがらない起業家たちに対して、数学の素養を欠いた政治家たちは、その説明責任を負わせることができないでいます。一般大衆は、数学がこれらのテクノロジーとどう関係しているのかを理解する準備ができていません。

私たちは皆、これらの技術の基礎を作っているのが数学だということを知っている反面、学校で習う数学は冷徹で論理的で、温かみがないと思っています。数学に親しみを感じないのはもっともです。数学がテクノロジーにどう使われているかに責任を感じないのも仕方ありません。

●みんなの数学

あなたと私ならこの状況を変えられます。数学への愛着を育むことによって、数学の持つ奇跡、パワー、責任を受け入れることができます。いまの世の中でそのようなことをする必要性は計り知れず、大きな見返りがあります。

数学への愛着を欠いた社会は、音楽会や公園、博物館のない都市のようなものです。数学をするチャンスを失うことは、美しいアイデアと戯れ、世界を新しい視座から眺めることのない生活を送ることです。数学的な美しさを掴むことは、誰もが要求するべき、比類のない崇高な体験なのです。

あなたが誰であっても、どこの出身であっても、私たちは皆、数学への愛情を育むことができます。私たちが数学に向き合う関係性には、もっと個人性があっていいのです。私たちは皆、自分自身の、そしてお互いの個性を認めることができるのです。

私は、数学の能力について人から言われたことで傷つき、やる気を失ってしまった人や、数学が退屈なものだと失望してしまった人に向けて話しています。さらには、数学教育を受ける資力や自信を持ち合わせていなくても、物の仕組みにずっと好奇心を抱いている人や、数学が美しいなんて考えたこともなかった芸術家、数学が自分に関係しているなんて思いもよらなかった社会福祉士、数学が自分以外の人にも手が届くものだなんて考えたこともなかった数学者にも、私の話は向けられています。

そして私の話は、数学を教えている人と、数学を教えるなんて考えたこともなかった人の双方にも向けられています。なぜなら、そのことに気づいているかに関わらず、私たちは皆、数学の先生だからです。私たちは互いの言葉を通して、数学に関する自分の姿勢を伝えあっていますし、言葉には消すことのできない効果があります。「私はいつも数学が苦手だった」、「それは男の子が勉強するためのものよ」、「数学オタクのあの子と出歩いたりしたら駄目」、「あなたは多分、数学の苦手な私の遺伝子を引き継いだのね」、「他の数学のクラスを受講したらどう？」と言うことで、数学に対する消極的な気持ちを伝えることもできます。逆に、「数学は探究的な冒険よ」、「私がバスケットのフリースローを改善できるように、あなたも数学のスキルを改善できるはず」、「数学の力を使えば、物事の背後に隠された規則性を明らかにできる」、「誰にも数学ができるようになる可能性があるのよ」と言うことで、数学に対する積極的な気持ちを伝えることもできます。

いつかはあなたも、親あるいは叔父叔母、少年団の指導者、地域ボランティアになるかもしれません。それ以外でも他人に影響を及ぼすような立場に立てば、あなたは数学の先生になることになりま

蛍光灯のトグルスイッチ

100個の電球があります。それぞれのスイッチには1から100まで番号が付けられ、1列に並べられており、すべての電球はオフになっています。次のようなことをします。1の倍数のスイッチをすべて切り替え、次に、2の倍数のスイッチをすべて切り替え、次に、3の倍数のスイッチをすべて切り替える等々の操作を100の倍数まで続けます（スイッチを切り替えるとは、もしもオフになっていたらオンにし、オンになっていたらオフにすることを意味します）。

この操作を行なった後、どの電球がオンで、どの電球がオフになっているでしょうか？　何かパターン（規則性）があるでしょうか？　それについて説明できますか？

す。子どもの宿題を手伝うとき、あなたは数学の先生です。子どもの宿題を手伝うのがいやなら、あなたは数学に対する自分の姿勢を子どもに伝えていることになります。調査結果によると、数学に不安を持っている親は、数学への不安を子ども達に伝えているそうです。実際のところ、数学に不安を持っている親は、宿題を手伝わないよりも手伝うことによって、余計に数学への不安を子ども達に伝えてしまっている可能性が高いのです[12]。ですから、数学への思いは、あなた自身のためだけでなく、子どものためにも重要なのです。

数学に挫折した人も、数学が得意な人も含めて、私たち皆が自分の個性を認めるためには、数学に対する見方と、誰が数学を学ぶべきかという考え方を変える必要があります。このためには、教師たちが教え方の視点を変えなければならないでしょう。私たちは、これまでとは違う角度で、数学について話すことが必要になるでしょう。このように私たちが変わり、人の奥深くに潜む欲望が数学とどのように結びついているかが分かれば、より多くの人たちが数学に惹かれるようになるでしょう。

ですから、「なぜ数学をするのか？」と問われれば、私はこう答えます。「数学は人々を豊かにするのに役立つのです。」

数学は、豊かな生活のためにあるのです。

●豊かな生活って何？

豊かな生活は、人間の存在と行動の全体に関わるものです。自分の可能性を実現し、他人が同じことをするのを助けることや、高潔に振る舞い、尊厳を持って他者に向き合い、困難な状況にあっても誠実な生き方をすることと関係します。これは幸福を表すものではありませんし、単なる心の状態を表すものでもありません。このような充実した生活が、豊かな生活なのです。古代ギリシャには、「ユーダイモニア」と呼ばれる、豊かな生活（人類の繁栄）を表す言葉があります。これは、「あらゆる善からなる善であり、豊かな生活を送るのに十分な能力」を意味し、最上の善とみなされました[13]。ヘブライ語にも、「シャーローム」と呼ばれる同様の言葉があり、挨拶に用いられます。シャーロームは「平和」と訳されることもありますが、それよりもはるかに豊かな内容を含んでいます。誰かにシャーロームと挨拶することは、彼らが繁栄し、豊かな生活を送ることを願うことなのです。そして、アラビア語にも関連する言葉として「サラーム」があります。

「どうしたら豊かな生活を実現できるのでしょう？」「豊かな生活とは何でしょう？」 これらは、人類が遠い昔から取り組んできた基本の問いかけです。哲学者のアリストテレスは、徳を実践することで、豊かな生活がやってくると説きました。ギリシャの概念で、美徳は、善い行いに導く性格的な徳を指します。したがって美徳には、単なる道徳的な美徳以上のものが含まれます。例えば、勇気、英知、忍耐などの特質も美徳なのです。

私は、数学を適切に実践することで、人々が豊かな生活を送るための美徳が育まれると主張します。あなたがどのような職業を選んだとしても、どのような人生を送るとしても、これらの美徳は役に立ちます。そして、美徳へと向かう行動を引き起こすのは、人間の根源にある欲望です。これは、私たち全員が持っている普遍的な憧れで、私たちが行うことすべての根本的な動機になります。これらの欲望を数学の追究へと導くことができれば、結果として実現される美徳は、あなたの生活を豊かにしてくれるのです。

数学をすることを、帆船の舵取りをすることに例えて考えてみましょう。このとき、人間の欲望は、航海の力の源となる風に対応します。美徳は、航海を構成する要素、すなわち、マインドフルネス[ii]、注意、風との調和といったものにあたります。もちろん、航海は地点Aから地点Bに移動するためのものですが、それだけが航海の理由ではありません。上手に航海するには、技術的なスキルを習得しなければなりませんが、帆船のロープ結びが上手くなるために航海を学ぶわけではありません。これと同じように、数学のスキルも重要ですが、それらはゴールではありません。社会が必要とする数学のスキルは変わる可能性がありますが、数学をするのに必要な美徳は変わることがありません。

数学の人間的な側面を発展させるために私は、数学と数学教育の人間化を呼びかける活動に参加しています。このようなグループでは、長年にわたる不平等問題に取り組むため、文脈抜きに数学を描写することをやめて、数学の持つ、社会的で文化的な側面を明らかにする方向に転換が行われています[14]。そのような素晴らしい目標

〔訳注 ii〕今起きていることに意識を集中させている心理状態。

を実現し、抵抗を受けないためには、キャリアを積むための単なる暗記科目以上のものとして、数学を学ぶ目的を挙げなければならないでしょう。

人々が、「この数学を使うことがいつかあるでしょうか？」と質問するとき、彼らが本当に聞きたいのは、「私はいつになったらこの価値が分かるようになりますか？」ということなのです[15]。彼らは数学の価値を、その有用性と同じとみなしているのです。なぜなら数学には、有用性以上に価値があることを知らないからです。より大きな視座から、目標を持って数学を眺めれば、私たちを数学に駆り立てる欲望が引き出され、数学によって美徳が育まれるでしょう。

したがって、これ以降の各章では、それが満たされることで生活が豊かになるような基本的欲望に焦点を当てることにします。各章では、数学を追究することで、これらの欲望がどのように満たされるのかを説明し、結果として、どのような美徳が育まれるかを明らかにします。すべての人が数学で豊かになることを望むなら、私たちは一致団結して、これらの欲望を満たすように数学の実践方法を変える責任があります。

●数学が人生を豊かにする

私が美徳の話を持ち出すのを聞いて、数学はあなたを他人よりも優れた人間にする、と私が言っていると考える人もいるかもしれません。いいや、数学をしたからと言って、あなたがより価値のある、尊厳を持った人間になると主張しているのではありません。私が言いたいのは、人間の欲望に根ざす形で数学を追究すれば、それによって育まれる気質や気持ちの持ち方で、さらに人間的に満たされた生活を送り、最良の人生を経験することができるということです。すべての徳を持ち合わせた人なんていません。私たちはみな発展途上で、成長の余地があります。そして、美徳を育むには、数学以外にもさまざまな方法があります。でも、数学を適切に実践して得られる美徳には、明晰に考え、論理的に判断する能力などといった特別なものがあるのは明らかですし、他の方法とは際立った形でそれらの能力が身につくでしょう。

私が数学のことをここまで称賛することから、私は数学を人生において最も重要で究極的な探究であると偶像化している、と考える人もいるかもしれません。これもそうではありません。人生において何が最も重要な目的なのかは、自分で見つけなければなりません。それでも、数学は素晴らしい人間の試みであり、探索し、参画する価値があると同時に、他人が同じことをするのを手助けする価値があります。なぜなら、人間の基本的欲望を満足し、充実した生活を送るのに寄与するユニークな方法だからです。

これらの欲望を自分が持っていることを理解することで、自分が**数学の探究者**であり、数学的に物事を考え、数学の空間に歓迎されていることを分かっていただきたいと思います。そして、これらの欲望に基づいて数学がまだ実践されていない部分については、私と一緒に変えていっていただきたいと思います。そうすることによって、単なる事実やスキルのツールボックスとしてではなく、私たち全員の生活を豊かにする力として、数学を経験する新しい方法を手に入れることができるでしょう。

スー様、こんにちは。私はクリストファー・ジャクソンという者で、ケンタッキー州のパインノットにあるマクリアリィ刑務所に服役しています。現在27歳で、7年と少しの間、刑務所にいます。死傷者は出しませんでしたが、一連の武装強盗に関わった罪で、32年間の懲役を言い渡されました。当時の私は19歳で、深刻な麻薬依存症に陥っていました。

私には数学にのめり込む気質がありましたが、とても若く、逆境の中で生活していたこともあり、数学教育を追究することの真の意味や恩恵を理解するには至りませんでした。学校に通うのをやめた直後に、後見人の家を飛び出し、犯罪生活に浸るようになると、14歳で少年法制下に置かれるようになりました。17歳のとき、私を支援していたケース・マネージャーたちに促されてGED〔訳注：後期中等教育の課程を修了した者と同等以上の学力を証明するためのアメリカの試験〕を受験し、アトランタ・テクニカル・カレッジに入学しましたが、数日出席しただけで、元の犯罪生活の深みに戻ってしまいました。その後の数年間、依存症に苦しみながら、刑務所を行ったり来たりしました。そしてついに、現在の服役理由に相当する犯罪を犯しました。21歳のとき、2件の起訴状で有罪になると、連邦刑務所に差し戻されて、この施設に送られ、それ以来の4年間をここで過ごしています。

この7年間というもの、私は哲学、数学、金融、経済、ビジネス、政治に関する学問や書物に強い興味を持ちました。そして、最近の3年間は、代数I・II、初等代数、幾何学、三角法、微積分I・IIをしっかりと理解するために、たくさんの本を購入して勉強しました。

私の人生の問題の大半は、自分の冷酷さと、自分よりも知識の豊富な人たち、あるいは権威的な立場にある人たちの言うことを聞こうとしない、自分の姿勢に起因していました。行方不明だった父は亡くなりましたが、それでも私には母や叔母、祖母がおり、私を真っ当に育てようとしてくれました。毎日起きて生活を始めるにあたり、自分の情熱と自分のなりたい未来を決めるために、自らの招いてしまった現在の境遇を許すことがないように心がけています。

あなたの大学については、そこの教授が書いた本と、いつも見ているテレビ番組で何度か話題になったことから知りました。私は裕福ではありませんが、あなたの大学で、数学の学士を取得できる通信制のプログラムがあるか知りたいです。あなたがとてもお忙しい方ということは分かっていますので、これ以上のお手間は取らせたくありません。私のために時間を割いてくださり、ありがとうございます。

2013年11月26日

クリストファー・ジャクソン

第2章 探究

ジャングルで迷子になり、
あらゆる知識をかき集めて新しいトリックを考え出し、
運が良ければ脱出できるかもしれない、というようなものだ。
マリアム・ミルザハニ

人が伝えようとするよりも、
数学の世界は、はるかに奇妙で素晴らしいものだ。
ユージニア・チェン

●数学で更生した囚人

私の友人のクリストファー・ジャクソンは数学の探究者です。彼は環境の制約を受けていますが、想像することには制限がありません。彼は好奇心旺盛で、独創的です。恐れを知らず、持続力があります。彼は、よい問題に挑戦するのが好きです。

ここ数年の間、クリスは旅に出ていました。彼は新鮮な感覚で数学を探究し、数学が以前に教えられていた、無味乾燥で退屈なものとは違うことが分かり始めました。刑務所に隔離されて困難な状況にあるにもかかわらず、数学という科目に対する彼の知識は広がり、愛情は深まっています。彼の変化を遠方から眺めるのは、私の特権です。

クリスにとって人生は簡単なものではありませんでした。ジョー

proclivity for mathematics, but being in a very early stage
of youth and also living in some adverse circumstances, I never
came to understand the true meaning of and benefit of pursuing
an education. At the age of 14, I began becoming more involved

写真2-1　クリスから届いた手紙

ジア州オーガスタ市の労働者階級地区で、叔母や祖母の助けを受けながら、母親に育てられました。クリスは父親のことを全く知りません。父親はクラック・コカイン[i]中毒に溺れ、クリスが2歳になる前に、高速道路で痛ましい自動車事故に巻き込まれ、18輪トラックに跳ねられて亡くなりました。クリスは家庭からよい影響も受けました。母親が頻繁に読み聞かせをしてくれたお陰で、本への愛情が植え付けられました。それでも、悪い影響も受けて、10代で薬物中毒となり、一連の犯罪を犯したのは、彼が私に宛てた最初の手紙に書かれていた通りです。

2013年11月にマクリアリィ刑務所から届いた手紙（写真2-1）に、私は警戒しつつも、心を奪われました。その手紙は自筆で整然と書かれており、真剣さが伝わってきました。私は、若者が一字一句、細心の注意をはらって書いた様子を想像しました。私は彼に会うことはできませんでした。文章を通してのみ、彼のことを知ることができましたが、かえってその方が、彼の性格の中身はよく掴めたと思います。クリスが問題のある過去を振り返り、自分のなりたい未来を想像し、本による自学を通して、数学への興味を追究する様子に私は心を打たれました。自分の大学では、クリスに通信制プログラムを提供できないことを残念に思いました。

クリスと私が断続的に手紙をやり取りするようになって6年にな

〔訳注ｉ〕 煙草で吸引できる状態にしたコカインの塊。

ります。私たちは、数学に関する共通の興味や人生について語り合いました。クリスの許しを得て、私たちのやり取りから抜粋したものを共有することにします。彼の洞察や経験は、私がこの本で書いていることすべてを増幅してくれるからです。これは、刑務所にいるクリスを私がどのように助けたのかという話ではありません。むしろ、クリスがどのようにして、新たな自分を知り、数学に向き合うようになったのかという話です。豊かな生活について本書を書くにあたって私は、彼の洞察や旅に刺激を受けて、数学はすべての人のためにあると信じるに至ったのです。

●田舎でもできる数学体験

私は数学の探究者です。私の人生はクリスとは異なりますが、私たちは共に数学の探究力に魅了され、想像力を目覚めさせられました。子どもの頃、私は星が好きでした。大都会から離れたテキサスの田舎町で育った私には、澄んだ空の上に微かに光る星がよく見えました。両親に望遠鏡をねだりましたが、家にはお金がありませんでした。そこで私は、天文学の本を貪るように読んで、宇宙を夢見ました。宇宙飛行士になって他の惑星を訪れ、まだ見ぬ不思議な生命体に遭遇したいと思いました。そんな興奮が続いたのも、一番近くにある星に行くのでさえどれだけ時間がかかるのかに気づき、置き去りにしなければならない人たちすべてのことを考えるに至るまでのことでした。それでも、私は空想に耽るのをやめませんでした。SF 小説を読むことが慣習化し、アイザック・アシモフの『夜来たる（原題：*Nightfall*）』[ii]のような小説に魅了されました。これは、6つの太陽に照らされた惑星に、ついに夜がやってきたときに起こ

〔訳注 ii〕 アイザック・アシモフ著、美濃透訳『夜来たる』ハヤカワ文庫、1986年。

写真２－２　土星に照らされたミマス

衛星ミマスは、土星で反射された太陽光に照らされています。写真左に見える、環の間隔が最大となった部分がカッシーニの間隙。

画像提供：NASA/JPL-Caltech/宇宙科学研究所。2015年２月16日、探査機カッシーニによる撮影。

る出来事を描いた話です。心の中では、私もこのような惑星を訪れることができました。

1970年代後半から1980年代前半にかけての、パイオニアやボイジャー探査機[iii]による太陽系の航海で、子どもの頃の私の想像力はさらにかき立てられました。世界で初めて科学者たちは、木星の衛星や土星の環のクローズアップ撮影に成功しました（写真２－２）。このような宇宙空間に到達するには、無人探査機が直面するあらゆる事態について、良いシナリオも悪いシナリオも含めて考え、数年掛かりで創造的な計画を立てる必要があります。科学者自身が遠方から発見を行うように、私も南テキサスの小さな町から我がことのように、これらの宇宙を探究することができました。私は、新聞に刷られたボイジャーの画像に見入るのが大好きでした。

これらの宇宙の中には、文字通り、数学を見ることができます。土星の環が惑星の回りを周回する平面は数式で表せます。遠くから見ると、環は静止した環状の帯のように見えますが、基本的には巨(きょ)

〔訳注iii〕 アメリカ航空宇宙局（NASA）の打ち上げた一連の惑星探査機の名前。

礫（れき）の大きさをした多数の岩（小衛星）からできていて、含まれているものの大半は氷です。これらが惑星の周りを周回するのは、重力のためです。1610年に天体望遠鏡でこの環を最初に観測したのは、天文学者のガリレオ・ガリレイでした。それが何であるか分からなかったため、彼はふざけて耳と呼びました[1]。その後、天文学者たちはこれらの構造が、間隔の空いた環であることを同定しました。ボイジャー探査機で、この環のさらに詳細な構造が観測できるようになると、古いビニール盤レコードの溝のように、高密度や低密度の波紋のパターンが見られることが分かりました。

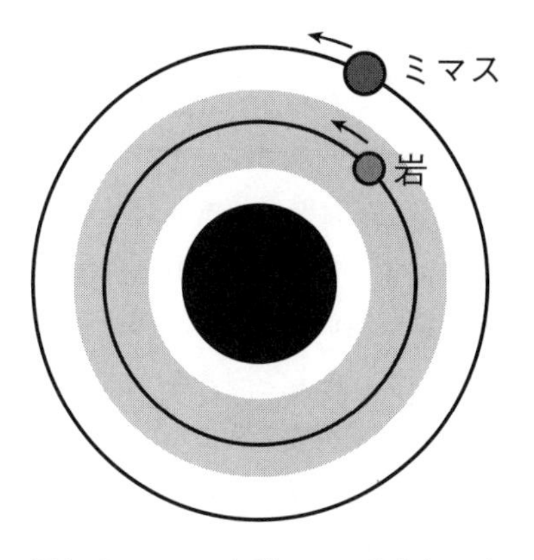

図2-1　ミマスに追いつこうとして内側の軌道を周回する氷の岩

岩がミマスを常に同じ地点で追い越すとき、ミマスの重力の効果は蓄積して、岩の軌道をずらします。

私は、環の構造の一部が、数学的な洞察で説明できることを知りました。土星から同じ距離だけはなれた氷の岩は、すべて同じ速さで周回します。この周回に掛かる時間の長さは、軌道周期と呼ばれます。土星からさらに遠方にある岩の軌道周期はより長くなり、その速度は土星の近くにある岩よりも遅くなります。なぜなら、惑星からの重力の影響が弱まるからです。環を、土星を囲む陸上競技のトラックのようなものと考えてみてください。内側のレーンの走者は、外側のレーンの走者よりも早く走り、移動距離も短くなります（図2-1）。

岩の軌道周期が、土星の衛星の周期と整数比の関係にあるとき、特別なことが起こります。例えば、土星を周回する、岩と衛星があると仮定しましょう。衛星が外側のレーンを1周する間に、岩は内側のレーンをちょうど2周します。2周するごとに、岩はその軌道の全く同じ地点で衛星を追い抜くでしょう。

衛星が岩に及ぼす重力が最も強くなるのは、両者が最も接近したときです。このような引っ張りが同じ地点で繰り返されるため、その影響は互いに強まり、岩の軌道は摂動[iv]されます。ブランコに乗っている子どもを同じタイミングで押し出すと、子どもはより高い位置まで上がるようになる要領です。したがって、土星から同じ距離だけ離れていて、同じ軌道周期を持つ岩はすべて、その軌道から外れてゆきます。この効果は共振と呼ばれます。共振の効果が強まると、環の間に間隔ができます。

最も大きな間隔は3000マイル[v]にも及び、「カッシーニの間隙」と呼ばれますが、これは周回する岩とミマス[vi]の間に2対1の共振が起こった結果です。岩と衛星の周期の間に、より小さな整数比(例えば、3対2や4対3など)の関係が生じた場合にも、共振は起きますが、その効果は弱まり、間隔というよりも波紋の様相を呈します。衛星と岩の間の共振効果で、土星の環の多くの特徴を説明することができます[2]。氷の岩の軌道が示す精妙なダンスに、視覚的なパターンを作り出しているのは、実質的には、数字の比率(単純な分数)なのです！　私のような子どもには、数学と想像力を使ったちょっとした探究で、900マイルも離れたところにある物体の実態を見抜くことができるのは魅惑的なことでした。

〔訳注iv〕　主要な力(この場合は土星の引力)による岩の運動が、他の副次的な力(この場合は衛星の引力)によって乱される現象を摂動という。

〔訳注v〕　1マイルは約1.6km。

〔訳注vi〕　土星の第一衛星。

●数学は探究するもの？

数学の探究は宇宙の探究ととても似ていますが、数学で探究するのは宇宙空間ではなく、アイデアの空間です。始めるときには何が見つかるか分かりません。あなたは、理論を試すために探査機を飛ばします。あなたは謎に心を奪われ、疑問に動機づけされ、挫折に阻まれます。あなたは、遠方から発見を行います。なぜなら、アイデアそのものは物理的なものではなく、私たちはアイデアの空間に論理で接近するからです。探究し、理解することは、数学をすることの中心的な意味をなします。

残念なことに、物事の真相を明らかにするという意味を持つ「探究」は、数学から連想する言葉ではないかもしれません。数学を単に算術計算するものと捉えたり、昔発見されて人々の生活に定着した、高度だが、退屈なものと考えれば、数学を探究と結びつけて考えることはないでしょう。

学校で習う数学は、あなたが将来、数学の探究をするための準備になりますが、もしも数学を学んでいる今、数学の探究ができたら、私たちの経験はどれだけ違ったものになるでしょう。バスケットボールのルールを習って、フリースローの練習だけすることを想像してみてください。プロにいく準備が整うまで、試合を観ることも試合に興じることもできないのです[3]。そのような状況では、勉強は楽しいものではなかったでしょうし、探究の準備は未だにできていないでしょう。

●ゲームも数学？

探究は、深い人間の欲望であり、豊かな生活の証です。数学の探究者になるために、気持ち以外の資質は要りません。そして、刑務所、小さな田舎町、最果ての地など、どこからでも探究に乗り出すことができます。こう考えると、歴史を通じて、あらゆる社会に数学の探究者がいたことは驚きではありません。このことは、人々が興じるゲームを見ればすぐに分かります。特に、ゲームの戦略は、面白い数学の問題を提起してくれます。

アチは、西アフリカのガーナに居住するアシャンティ民族が興じるゲームです。二人で競うゲームは、3つの水平線、3つの垂直線、2つの対角線からなる図形の上で行われます（図2－2）。アチはマルバツゲームのようなものですが、ひねりが加わります。プレーヤーは4つのコマを持ち、順番に、盤の9つの位置に置いていきます。直線のうちの1つに沿って、3つのコマを続けて一列に並べるのが目標です。すべての持ちコマが置かれるまでに、どちらのプレーヤーも3つのコマを一列に並べることができなければ、盤の上には、1つだけ空白の位置が残ります。ここで、ゲームは第二の局面に入ります。プレーヤーは順番に、彼らのコマの1つを直線に沿って空いた位置まで動かします。ジャンプは許されません。最初に3つのコマを続けて一列に並べたプレーヤーが勝ちです[4]。

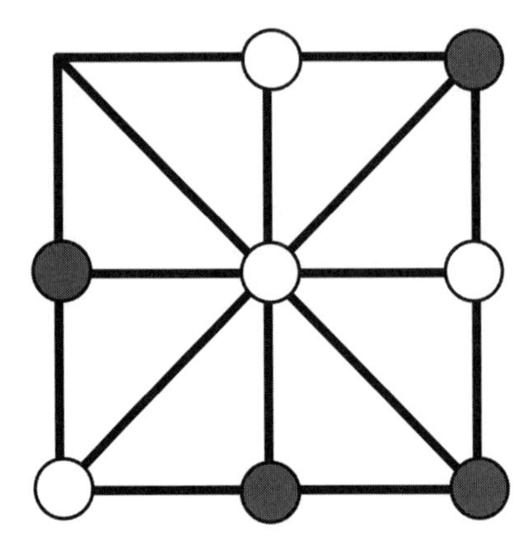

図2－2　アチのルール

8つのコマすべてがアチの盤に置かれても勝敗が決しないため、3つのコマが一列に並ぶまで、プレーヤーは順に、自分のコマを空いている位置に押し込みます。

これがアチの標準的なやり方ですが、そのルールには曖昧さが残ります[5]。例えば、第二の局面で、プレーヤーが行き詰まってコマを動かせなくなったらどうすればいいでしょう？　プレーヤーが二人とも如才なくコマを打てば（つまり勝利のチャンスを見逃さなければ）、行き詰まるようなことはないでしょうか？　コマを動かせるときには、動かさなければいけない、とするかどうかも決めなければいけません。数学の論理を使えば、これらの疑問に答えて、どちらの選択肢を選んだ方がゲームはより面白くなるかを決めることができます。このような変形版を作って、アチのゲームが永遠に続いたり、一方のプレーヤーが必勝法（対戦相手がどの手を指しても勝利が保証される差し手）を手に入れるようなことはできるでしょうか？　それぞれのプレーヤーが、4つのコマではなく、3つのコマしか持たなかったらどうなるでしょう？　別の考え方をして、面白いアチの変形版を作れますか？

このような疑問を呈するなら、あなたは数学の探究者です。あなたは、さまざまにゲームが展開する空間を探究しているのです。探査機を派遣して、いろいろ試しているのです。最初は何が見つかるのか分かりません。数学の論理を使って答えを発見したとき、あなたは遠方から発見したことになります。なぜなら、すべての可能なゲーム展開を実際に試みなくても、ゲームがどう進むかがあなたには分かるからです。

例えばマルバツゲームには、後手には必勝法がないことを示す、「戦略拝借論証」と呼ばれる巧みな議論があります。もしも後手に必勝法があったならば、先手は自分の最初の手を無視して、あたかも後手であるかのように振る舞い、後手と同じ戦略を使って対抗します。もしもその戦略で、自分がすでに指した手が出てきたら、次の手はどこか他に指せばよいのです。これは先手にとっては余分の差し手になりますが、マルバツゲームでは、余分の差し手は勝利につながります。双方のプレーヤーが勝つことはありえないので、後手に必勝法があるとした、私たちの仮定が間違っていたことになります。したがって可能なのは、先手が勝利するか、引き分けるかのどちらかです。マルバツゲームを1回もしていないのに、このような事実を数学的な推論から演繹できるのは驚きです。

どのような文化にも、戦略を競うゲームがあります[6]。どのような文化にも数学の探究者がいます。なぜなら、戦略を考えることは、数学的な思考だからです。数学で自分の引き継いだ遺産を主張する最もよい方法の１つは、自分の育った文化史の中から戦略を競うゲームを見つけて、そこで要求される考えを受け入れることです。探究的な疑問を通して、その考えが正しいことを証明します。

数学の探究は疑問から始まります。数学の探究者になるための唯一の条件は、「なぜ？」「どのようにして？」「もし…だったらどうなる？」という質問をする能力を持つことです。すべての子どもはこのような質問をしますが、成長するどこかの過程で、質問することをやめてしまいます。それはおそらく、物事は理解するものではなく、記憶するものだと教えられるからなのでしょう。これらの手順がなぜうまくいくのかを探るよりも、その手順に従うように教えられるのです。彼らは、問題の解答につながる独自の方法を開発するのではなく、それを解くのに正しい方法は１つしか存在しないと考えるようになります。あらゆる機会を捉えて私たちは、数学は暗記であるという考え方に反論し、数学は探究であるという考えに置き換えなければなりません。数学を暗記した人は、不慣れな状況では、どう反応すればよいか分からなくなりますが、数学の探究者は条件が変わっても柔軟に適応できます。なぜなら彼女は、想定されるさまざまな出来事に準備できるような問いかけの仕方を学んだからです。効果的な教え方をする数学教師は、生徒の探究能力を引き出す術を知っています。数学教師のファウン・グエンは、他の教師たちに次のようにアドバイスしています。「あなたの授業の有効性は、生徒がどのような回答をするかではなく、彼らがどのような質問をするかで評価できます。」[7]

●想像力と創造性は数学で培われる？

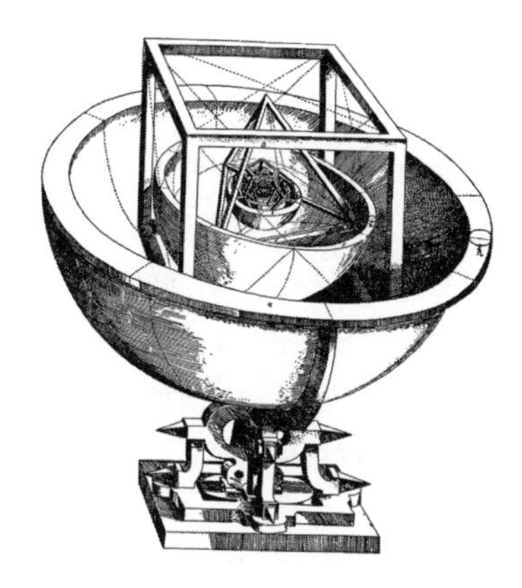

図２－３　『宇宙の神秘』に収録されたケプラーの太陽系のモデル

探究は想像力という美徳を育みます。問題を解くためには、新たな可能性を想像しなければなりません。ドイツの天文学者ヨハネス・ケプラーは、彼の著書『宇宙の神秘（原題：*Mysterium Cosmographicum*）』[vii]で、当時知られていた６個の惑星の軌道距離を説明するため、６個の軌道の球面は、５個の正多面体（正四面体、正六面体、正八面体、正十二面体、正二十面体）で仕切られ（そして接し）ているという理論を提唱しました（図２－３）。

この理論は、データにはあまり適合しませんでした。そして現在では全くの間違いであることが分かっていますが、それでも非常に創造性豊かなものでした！　ブレインストーミング[viii]では、空想的で間違えたアイデアを作り出すのが必然ですが、たとえ間違ったとしても、よいアイデアが育つ土壌となります。数学でも、難しい問題を解こうとするときに同じことが起こります。どこかから手をつけなければ始まりません。数学の専門家たち同士の会話はこんな調子で始まります。「多分 X か Y を示せるだろう。」 そして、そのよ

〔訳注vii〕 ヨハネス・ケプラー著、大槻真一郎・岸本良彦訳『宇宙の神秘 新装版』工作舎、2009年。

〔訳注viii〕 会議などで各人が自由に考えを出し合って問題を解決したり、アイデアを生み出したりする方法。

うなアプローチを試みて、上手くいかないことに気づきます。それでも、このような試みで、新たな洞察が得られていくのです。

探究によって、**創造性**という美徳が刺激されます。探究していくと、そこで生じる問題を解くための新しい道具がしばしば必要になります。例えば、月に到達するような動力源を開発する過程で、無線機器、形状記憶性フォーム、家の断熱材、傷のつきにくいレンズなど、今では日常生活に用いられている多くの発明品が生み出されました。同様に、数学の基礎研究は何年か後に目を見張るような応用に結びつくことが多いのです。素数を理解するための探究は、暗号への応用に導かれ、結び目の幾何学理論はタンパク質の折りたたみの応用につながり、ラドン変換の理論は今や、CT スキャンを支える数学に生命を吹き込んでいます[8]。面白く、よく設計された数学の問題は、たとえ簡単なものであったとしても、あなたの創造性を広げてくれます。よい先生たちは、良問を知っています。よいパズルの本には良問があります。数学の競技会では、良問が展示されています。数学の探究者たちは良問を共有しています[9]。数学教師のベン・オーリンは著書『*Math with Bad Drawings*（下手な絵で描く数学)』の中で、退屈な問題と探究的な問題の違いについて論じています[10]。彼は、次のような例を与えます。

高さが３、幅が11の長方形の面積と周囲の長さを求めよ。

この問題は退屈です。なぜなら、面積と周囲の長さを単純な公式に落とし込んでしまい、その元々の意味と格闘する必要はないからです。このことについて彼は、「面積は、長方形を覆うのに必要な、一辺が１の正方形の数を意味するものとしては言及されていない。面積は、単に２つの数を掛け合わせたものでしかない」と記しています。このような問題を20問解いても、幾何学について学ぶことは何もありません。もっと面白い探究的な問題は、図２-４の中にあ

長方形を２つ作りなさい。
ただし、一番目の長方形の方が周囲の長さは長く、
二番目の長方形の方が面積は大きいものとする。

図2-4　ベン・オーリンの『Math with Bad Drawings』で描かれた「下手な絵」（問題の部分は訳者による訳）

ります。

ふむふむ。格段にいい。この変形版では、長方形の性質に関して、より深い洞察が必要になりますし、はるかに面白いです。オーリンはもう一段上げた変形版もあると記しています。「長方形を２つ作りなさい。ただし、一番目の長方形の周囲の長さは、二番目の長方形の周囲の長さのちょうど２倍となり、二番目の長方形の面積は、一番目の長方形の面積のちょうど２倍となる。」 良問に取り組むことで、物事について独自の考え方を編み出して、それを解くための独自の方法を作り出せるでしょう。これが最良の学習なのです。

探究を通して、**魔法に出くわす期待**が育まれます。探究者たちは、予期せぬこと、特に、奇妙で素晴らしいことを見つけ出すスリルで興奮します。私たちが馴染みのない地形をハイキングすることに魅了され、未踏の洞窟に誘惑され、深海の海底に生息する不思議な生き物に魅力を感じるのはこのためです。それ以外に、そんな深海に潜る理由などあるでしょうか？ 同じように、不思議な発見が集まった数学の動物園にも、魅惑的な発見があります。そんな奇妙な生

図2-5　空間充填曲線の作り方

これらの曲線は、描かれるたびに、領域をより稠密に通過し、蛇行しています。そのような曲線の極限として、空間充填曲線は構築されます。この極限が存在することを示すのが数学の仕事です。

き物の1つが「空間充填曲線」です（図2-5）。これは、正方形の内側のすべての点に触れる単一の曲線のことを指します。近似的にしか描くことはできませんが、このような生き物が存在することを数学は示してくれます。とても奇怪な曲線ですが、空間充填曲線は今やコンピュータ科学や画像処理に応用されています。

もう1つの不思議な生き物に、「バナッハ＝タルスキーのパラドックス」があります。固体球は5片に分割することができますが、組み立て直すと、元の球と同じ大きさの球を2つ作ることができるという驚くべき結果です。あなたはこれが金（！）の球でできないものか、知りたいと思うかもしれませんね。実際の物質は、理想化された空間のように無限に分割することはできない、というのがその答えで、本物と数学モデルの性質には違いがあります。探究の視点を持って生活を送ると、新しい地形を見る度に、架空の物事を想像し、創造するスキルを磨き、隠された宝を発見する機会に巡り合えます。

●航海も数学？

リンダ・フルトは、数学の探究者であり、他の人たちが自分も探究者であることを気づかせる手伝いをしています。ハワイ州オアフ島のノースショアで彼女は、スピアフィッシング[ix]、ダイビング、水泳、サーフィンをして育ちました。子どもの頃の彼女は、数学が物事に関連していることが分からなかったために葛藤しましたが、今や、海洋の動きから、潜水時間を伸ばすのに関わる最適化の問題まで、彼女を取り巻くすべてのものに数学が埋め込まれていることを知りました。現在リンダは、ハワイ大学マノア校で数学教育の教授として、学生たちに、数学が彼ら彼女らの文化史にどうつながっているのかを教えています。彼女は学生たちに、数学の探究者として世界を見ることによって、どのように海洋生物学や保全を理解できるかを教えています。線形関数は藻類がどのようにサンゴ礁を侵略するかをモデル化し、行列は海洋堆積物を表し、二次方程式は、島の限られた資源を持続させることに関係しています。彼女は学生たちを率いて、ポリネシア航海協会の二重船体式のカヌーである、ホクレア号（喜びの星）で航海し、生徒たちは、ハワイと太平洋に住む先住民族の間で行われていた、伝統的なポリネシア航法について学びます[11]。この航法では、自然と星空からの手掛かりのみを頼りに、機器を使わずに航海します。ホクレア号は、（2013年に始まった）マーラマホヌア世界航海を含めて、過去40年間で160,000海里以上を航海し、昔ながらの航法の信頼性を疑う声を一掃しました[12]。リンダの役割は、陸上海上で、航海実習を行い、専門家として教育に携わることです。彼女は学生たちが、風の動きや航海の力学を知るのに不可欠な、三角法や微積分を学ぶのを助け、なぜこれらが公式を暗記する以上に重要なのかを教えます。

教科書に何が書かれているかを学生たちが知るのは重要だと思

〔訳注ix〕 水中銃を用いて魚類を捕らえる水中スポーツ。

「割り算」数独

数独は、探究することによって解くパズルです。この風変わりな問題は、フィリップ・ライリーとローラ・タールマンの著書『*Naked Sudoku*（裸の数独）[a]』の「思考停止パズル」から、彼らの厚意で引用したものです。数字のヒントがない（つまり「裸」）にもかかわらず、答えは1つしかありません。

ルール：

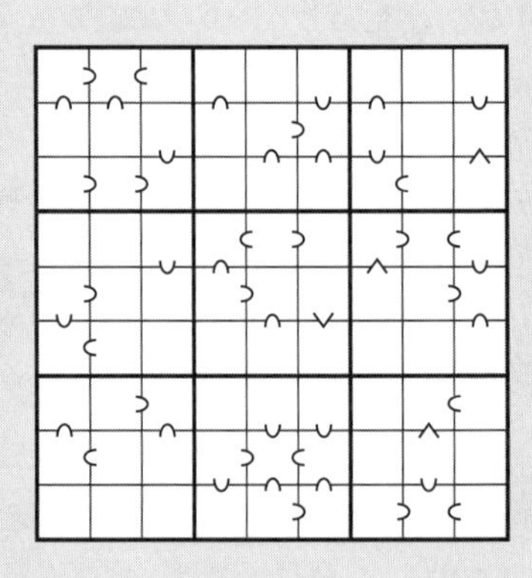

3行3列の各ブロックで、数字の1から9までがちょうど一回現れるように、格子の穴を埋めてください（通常の数独のルール）。さらに、ある格子の値で、3×3のブロック内の隣り合わせの格子の1つの値が割り切れたら、2つに共通する境界に⊂の印をつけます。この印の方向にも意味があり、「格子A⊂格子B」なら、Aの数字でBの数字を割り切れるものとします。「大なり」（>）を表す印もいくつか与えられています。

始めよう：

まず、どの数で他の数が割り切れるかを考えましょう。例えば、4で8が割り切れるので4⊂8です。また、1で3が割り切れ、3で9が割り切れるので、1⊂3⊂9です。1は1から9までのすべての数を平等に割ることができるので、1を配置するのは簡単です。

a) Philip Riley, Laura Taalman, Brainfreeze Puzzles, *Naked Sudoku*（New York：Puzzlewright, 2009）, 125.

> います。なぜなら、重要な情報が含まれているからです。しかし、同様に重要なのは、彼らの祖先が、現代の航海ツールを全く使わずに、太陽、月、星、風、潮流、渡鳥のパターンなどを頼りに太平洋を横断していたことを理解し、気づくことです。彼らの祖先が大洋の高速道路を横断したのは過去のことですが、今を生きる私たちの生徒も、教室の内外で同じことをしているのです[13]。

確かに航海士たちは、彼らの社会において、数学の探究者でした。彼らは、当時直面していた問題を解決するのに、注意深い調査、論理的な推論、空間的な直感を用いていました。地上の至る所で、数学の探究者たちは文明の一翼を担ってきました。学生たちの文化史に存在した数学の探究者たちと、彼らが身につけるべき数学的な個性が、直線でつながっていることが重要ということをリンダは分かっています。

●あなたも数学の探究者

あなたには解きたい問題はありますか？　航海したい海はありますか？　自分の住む天体の星のパターンを理解したいですか？　それならあなたは数学の探究者になれます。なぜならあなたは、そのような問いかけを行い、推論する人間の能力を持って生まれてきたからです。太陽、月、星、そしてあなたが発見する宇宙を夢見ましょう。想像性豊かで、創造的で、予期せぬ魅惑が待ち受けています。

私の手紙に答えてくださり、ありがとうございます。忙しい合間を縫って、私の手紙を読み、考え、返信してくださるなんて、あなたはとても親切でやさしい方ですね。ええ、私はまだ数学の勉強を続けています。数学は、私が生産的な時間を過ごすのに役立ち、直近の目標、近い将来の目標、遠い将来の目標を与えてくれます。数学は、個人的な満足に加えて、個人的な希望も与えてくれます。なぜなら、自分の努力したものにしかなれないということが、今の私には分かったからです。

私の数学の知識は、微積Ⅰ・Ⅱの範囲を大きく出るものではありません。私は、整数論や、応用代数、あるいはそういった類の科目に関して、教科書で学んだことがありません。ここに、整数論特論の本があります。私はもがきますが、数論の知識のない私には隔たりがあり、そこから得られる豊かさを享受できないでいます。人として、思考者として成長するにつれて、自分が抽象化の価値をより理解できる（どうやら、数少ない一人）ということに気づきました。

科学の基礎として、またさらなる科学的発見や技術の進歩を支えるものとして、数学は、たくさんの実用性を示唆する、抽象性を内包した学問です。私が数学を神秘的なものと感じ、好奇心をそそられるのは、数学が抽象的で、その抽象性が実際の問題に対して重要な役割を果たすからです。

2014年 4 月16日

クリス

第3章 意 味

詩人が他人よりも考え深く見えるのは、
単に他人が気づかないことに気づいているからに
過ぎないように思われる。
数学者も同じことをしなければならない。
ソフィア・コワレフスカヤ

単語はすべて死せる隠喩である
ホルへ・ルイス・ボルヘス

●数学には意味がある！

空港から中国の遠村に向かう際、父が雇ったタクシーを見て、怪しいと思いました。その村は父の生まれ故郷で、母が埋葬されることになる場所です。使い古しのポンコツ車が、運転手に加えて、私たち5人と荷物を乗せるのに十分とは思えませんでした。4時間の行程で、羊しかいない凸凹の砂利道をうねって進むにつれて、私の疑念はますます深まりました。これは近道だったのでしょうか？その村に行くのに舗装路は本当になかったのでしょうか？

凹凸の激しい道に差し掛かったそのとき、車の前輪が凹みに転がり落ち、車体は押し込められ、微動だにしなくなりました。前後の車輪は何もできずに、柔らかい土の上で空回りしました。私たちは嵌まってしまったのです（図3-1）[1]。

図3-1　嵌まった車

まずい状況でした。大きな街からは遠く離れていた上、他の車が通りかかる気配もありません。日暮れに差しかかる中で、日没までに数十マイルも歩くことはできません。

私たちの置かれた苦境は数学の問題には見えませんでした。数字も記号も数式もありませんでした。それでも自分が数学で培った力が役に立つのではないかという考えが、私の脳裏から離れませんでした。このような問題を以前に見たことを憶えていたのです。流行りの数学作家マーティン・ガードナーが書いた本でした。こんな問題です。トラックが高架線の下に嵌まっていますが、渋滞のせいで後退できません。前進するにも、車高が高過ぎて進めません。どうすればよいでしょう？私は答えを憶えていました。タイヤの空気を抜けばいいのです。こうすればトラックの車高を下げることができ、高架下でも前進できるのです（図3-2）。

このパズルは私たちの置かれた苦境にどこか似ているように思えましたが、それでも違いがあります。私たちが嵌まっているのは、頭上にある高架線ではなく、足元の凹みです。タイヤを膨らませることができたかもしれませんが、悲しいことに空気入れを持ち合わせていませんでした。私たちには何ができたでしょう？

ブレインストーミングで戦略を練っていると、問題の本当の意味が分かる瞬間が訪れます。本質でない要素を剥ぎ取り、問題を分類し、過去に取り組んだ問題と結びつけることができます。このとき、あなたは問題の背後にある意味と格闘しているのです。

確かに、何かの意味を把握したいとき、あなたはいつも他の物事との関係を問いかけています。人生の意味について塾考するとき、あなたは、この世界における自分の居場所に思いを巡らしています。あるいは、不思議な出来事の意味について熟考するなら、その出来事を他から切り離して考えるのではなく、それが起こった要因や他の出来事との関係について考えるという選択をしています。そして、ある言葉の意味を調べると、その言葉を他の言葉と関連づけるような定義が得られます。

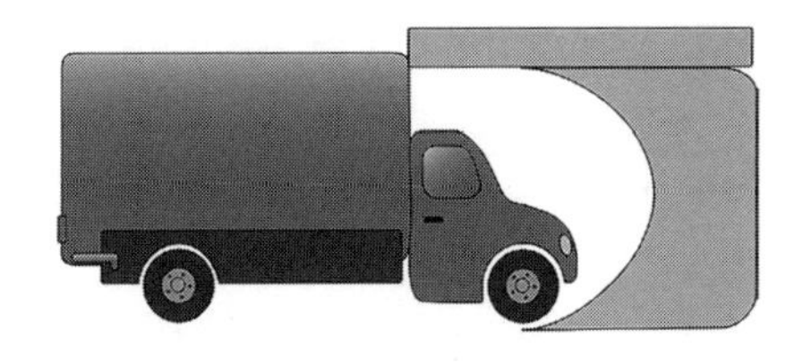

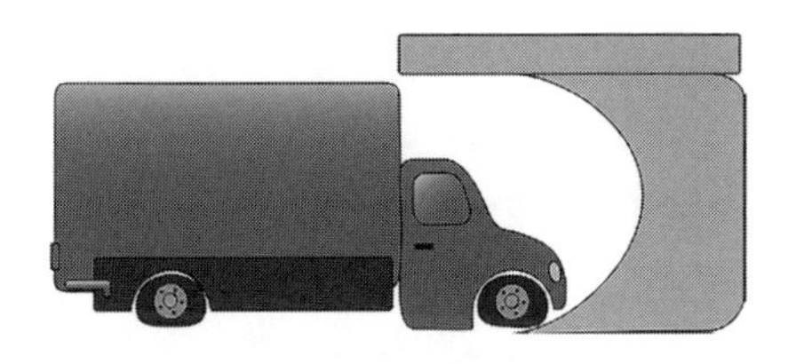

図3-2　高架下に嵌まったトラック（上）とタイヤの空気を抜いたトラック（下）

作家のホルヘ・ルイス・ボルヘスが、詩人のレオポルド・ルゴネスを引用して、「単語はすべて死せる隠喩である」と言ったとき、彼が意味していたのは、すべての言葉には歴史があるということでした。歴史とは、その言葉が由来する文脈のことです。例えば、微分積分（英語で *calculus*）という言葉は、算盤の玉のように、算術を行うための「小さな石」という意味を持っていました。今日ではこの言葉は、それよりもはるかに複雑な加算（積分）のことを意味します。幾何（英語で *geometry*）という言葉は、「土地を測る」という意味に使われていましたが、今日では、ほとんどすべてのものを測るための数学的な洞察に用いられます。言葉は他から離れて存在するものではありません。それぞれが、現在進行形の会話だけでなく、古代からの暗喩を引き継いでいるのです。

同じように数学的なアイデアも暗喩です。数字の7について考えましょう。7について面白いことを言うためには、7をその他のものと対話させなければなりません。例えば、7は素数であると言うことは、7と7の因数の関係について話していることになるのです（ただし、因数とは、7を等分する数の集まりを指します）。7は、2進数表現で111になると言うためには、7を数字の2と対話させなければなりません。7は一週間の日数であると言うことは、暦と対話させることなのです。したがって、数字の7は抽象的なアイデアであると同時に、素数、2進数、一週間の日数といった実体を持つ暗喩でもあるのです。同じように、ピタゴラスの定理は、直角三角形の3辺の関係に関する言明ですが、暗喩的に考えると、定理の正しさを照らし出すすべての証明や、その有用性を示すすべての応用と結びつくのです。したがって定理は、あなたが新しい証明を知ったり、新しい使い方を知るたびに、新しい意味を帯びてゆくのです。あらゆる数学的なアイデアには、その意味を形作る暗喩が付随しているのです。孤立して生き残るアイデアはありません。そんなことをしたら死んでしまいます。

詩と同じように、なぜ数学が大きな満足をもたらすのかという理由がここにあります。使えば使うほど、あなたの中で言葉の意味は豊かになってゆきます。言葉にはニュアンスがあり、イメージを喚起させてくれます。したがって、同義語は実のところ同義ではないのです。詩人は、あるアイデアをまさに正しい言葉を使って表現するのに大きな喜びを見出します。数学的なアイデアも同様に、あなたがそれと戯れるほど、（毎回の理解が、少しずつ異なった見方をもたらして）豊かな意味を帯びてきます。だから、あるアイデアを正当に理解できたとき、この上ない喜びを感じるのです。

意味は、人間の持つ根源的な欲望です。私たちは、美しく詠まれた詩を渇望しますが、それは、その詩が持つ意味の豊かさを享受するからです。人生に意味がないとしても、私たちは意味のある仕事を熱望します。人々と意味のあるつながりを持ちたいと強く望みます。意味を追求することは、充実した人生を生きることの自然な表現なのです。それでは、なぜ私たちは、数学の勉強法については、多くを望まないのでしょう？

数学者のアンリ・ポアンカレは言いました。

> 人は石を使って家を作るように、事実を使って科学を作る。とはいえ、単なる石の集積が家ではないのと同様、諸事実を集積しても科学ではない[2]。

切り離された数学的事実をたくさん学んでも、それは石を集積したものに過ぎません。家を建てるには、これらの石がどのように繋がっているかを知らなければなりません。九九の表を暗記するのが退屈なのは、これらが石を集積したものに過ぎないからです。でもこのような表にパターンがあることを探して、なぜそうなるのかを理解すれば、それは家を建てることになるのです。家を建てることのできる人たちは、数学でもいい成績を残します。データによると、数学で一番成績の低い生徒は、暗記の戦略をとっており、一番成績の良い生徒は、数学が大きなアイデアの繋がったものの集まりということを理解しています[3]。

●数学を理解するのになぜ物語が重要？

意味を追求することで、大事な美徳が育まれます。

最初は、**物語を構成する**美徳です。数千年にわたって、歴史や事実を伝承するのに、人類は物語を活用してきました。物語は、全く異質な出来事から話を作り、聴衆を話に結びつけると同時に、聞き手同士も結びつけます。数学も変わりません。数学で意味を構築するためには、アイデアをつなげることが不可欠です。これができる人は、物語を自然に構成できるようになり、語り部になります。

私の受けた数学教育では、概念が与えられ、それに関する練習が要求されるものの、その重要性については教えられないことが多々ありました。たとえ定義があったとしても、大きな話の流れとのつながりに欠け、意味が与えられないため、私はその概念と葛藤することになります。それでも、当を得た表現で捉えた物語が、大きな描像を得る助けになったことがたくさんありました。微積分の学びでは、「部分積分法は積の微分法則を逆にしたものだ」と誰かが言ったとき、両方の概念が明確になりました。統計学の学びでは、「統計の勉強をすることは、データを駆使する名探偵になることだ」という話を聞きました。そして、すべての数学について、このような教訓があります。「数学的対象は、対象同士を結びつける関数ほど重要ではない。」 この金言は、数学の意味について私が言わんとしていることを要約しています。数学的な対象は、その他の対象との関係性を抜きにして、意味を持ち得ません。関数は関係性を決めるもので、物語を語れるのです。

物語を作るにはたくさんの方法があります。ピタゴラスの定理について再び考えてみましょう。直角三角形（90度の角度をもつ三角形）の3辺の長さ a, b, c は次のような関係を満たします。

$$a^2 + b^2 = c^2$$

ここで、c は斜辺（一番長い辺）の長さに対応します。この定理は、このままでは文脈のない事実で、簡単に忘れ去られてしまいます。したがって、物語を作らなければなりません。

まずは、**幾何学的な物語**を作ってみましょう。直角三角形の各辺の上に正方形を描くと、この定理が言っているのは、2つの小さな正方形の面積を足し合わせると、大きな正方形の面積に等しくなることだ、と気づきます（図3－3）。

重要性の物語を考えて、なぜそれが重要なのかを説明してもよいでしょう。例えば、「ピタゴラスの定理は、あらゆる三角法の基礎になっており、幾何学で最も重要な定理の1つです」と解説するのです。定理を歴史の文脈に置くことで、次のように歴史的な物語も作れます。「ピタゴラス学派による定理の証明は、ユークリッドの証明の数世紀前に発見された。」

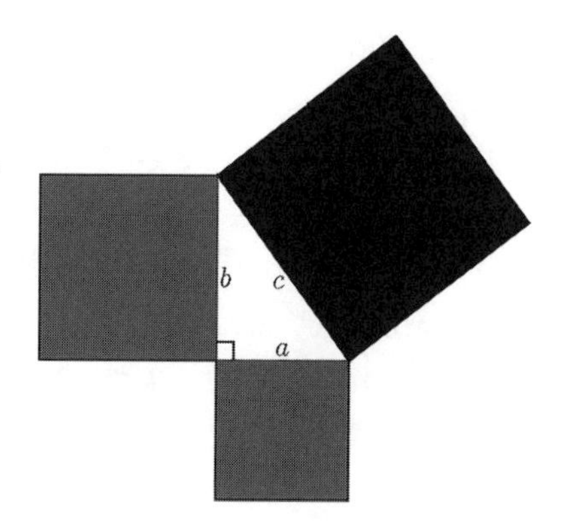

図3-3　ピタゴラスの定理の幾何学的な物語

数学の探究者たちは、**説明できる物語**を好みます。それが証明なのです。図3-4は、いわゆる「言葉のない証明」です。正方形を小片に切断することで、ピタゴラスの定理が正しいことを示す図になっています。対応する小片を見ると、大きな正方形の面積がなぜ、2つの小さな正方形の面積の和と同じでなければならないかが分かります（どのような直角三角形に対しても、このような切断がうまくいく理由はじっくり考える余地があるでしょう）。

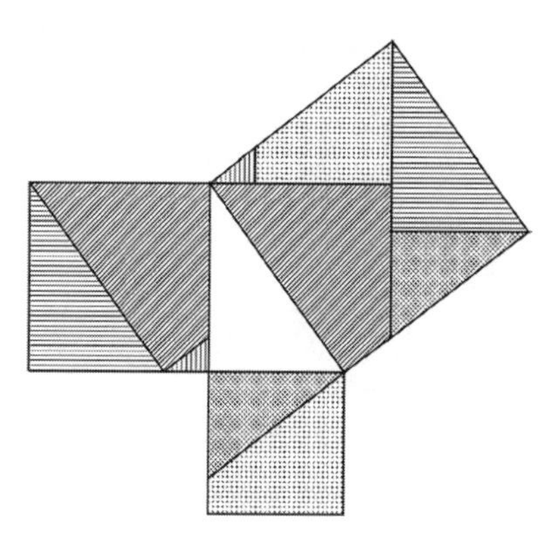

図3-4　ピタゴラスの定理の言葉のない証明

ピタゴラスの定理には**物理的な物語**もあると知って驚くかもしれません。ある物体の速度ベクトルを、水平方向成分と垂直方向成分に沿った運動の和として書くと、直角三角形のベクトルが得られます。速さは速度ベクトルの長さであり、運動エネルギーは速度の二乗に比例します。このことから、物体を対角方向に押し出すのに必要なエネルギーは、まず水平方向に押し出し、次に垂直方向に押し出すのに必要なエネルギーの和に等しい、ということがピタゴラスの定理から分かります。

実験的な物語を創ることもできます。遊びや、探究学習、物理的なモデル作成に基づいた物語です。2つの木材で直角を作る大工の職人芸を試してみましょう。$3^2+4^2=5^2$ であることから、2つの木材を共に角に置いて、1つの木材の角から3単位の長さのところに印をつけます。もう1つの木材についても、その角から4単位の長さのところに印をつけます。そして、木片のなす角度を調整して、2つの印の間の距離がちょうど5単位になるように離します。こうすれば、角の角度が直角になることが分かるでしょう。

これらの物語は、ピタゴラスの定理の意味をあなたに付け加えてくれます。新しい知識を心に留めるのに、物語は必要不可欠なのです。物語として筋が通っているとき、そのことを覚えるのはとても簡単です。

複数種類の物語を作ることで学習を強化する素晴らしい例が、「代数プロジェクト」にみられます。これは、経済的弱者のコミュニティーの人々に向けた、アメリカの数学リテラシーの取り組みです。マッカーサー賞受賞者で公民権運動活動家であるロバート・モーゼスによって設立されました。教師に対するカリキュラムや研修を提供し、毎年参加する生徒の数は一万人近くに達するプロジェクトです。体験学習を用いて、体験から抽象化までを次の5ステップで行います。

① 物理的な出来事：小旅行に出掛けたり、観測を行います。
② 視覚表現・モデル化：物理的な出来事について、生徒たちに絵

赤と黒のカードトリック

とても単純なのですが、他の人には驚きのあるカードトリックがあります。一組のトランプのカードを一人の観客に渡し、シャッフルした後、表を裏にして戻すようにお願いします。カードを受け取ったら、（少し芝居がかった様子で、でもカードの表を見てはいけません）二山に分けて言います。「最初の山にある赤いカードの枚数は、２つめの山にある黒いカードの枚数と同じです。」 観客にカードを裏返して、確かめてもらいましょう。

このトリックの仕掛けは次のようなものです。標準的なトランプの一組を使ってうまくいきますが、パフォーマンスの時間を短くするためには、赤と黒が同じ枚数だけ含まれた12枚のカード一組を使うのが一番良いです。観客がシャッフルした一組を戻したら、あなたがやらなければならないのは、それぞれの山に含まれるカードの枚数が同じになるように数えて、二山に分けることだけです（でも観客には分からないようにします）。

なぜこれでうまくいくか分かりますか？

このトリックと、関連する次のパズル「水とワイン」は、ラヴィ・ヴァキルの『*A Mathematical Mosaic*（数学のモザイク）』[a]という面白い本に掲載されています。２つがどのように関係しているか分かりますか？

a) Ravi Vakil, *A Mathematical Mosaic: Patterns & Problem Solving* (Burlington, Ontario: Brendan Kelly, 1996).

を描かせるか、モデルを立てることを促します。

③ 直感的な言葉・話し合い：物理的な出来事について、物語を話すように促します。

④ 構造化された言葉・特徴に関する話し合い：生徒たちは、数学で調べられる出来事の特徴を取り出します。

⑤ 記号化表現：自分のアイデアに基づくモデルを作ります。

各ステップが、物語を構成する形式になっていることに気づいてください[4]。

●抽象化が意味を豊かにする？

意味を追究することによって育まれる二番目の美徳は、**抽象的に考えること**です。抽象化とは、意味を剥ぎ取ることと捉えられがちですが、実際にはその反対です。抽象化は意味を豊かにしてくれます。２つのものが類似した構造を持つ、あるいは類似した動きを示すのを見ると、これらの類似性は繋がりを作ります。これはあなたにとって、以前までにはなかった新しい意味です。ポアンカレが言った有名な言葉があります。「数学とは、異なるものを同じとみなす技術である」（これに対して「詩は同じものに対して、異なる名前を与える技術だ」と切り返した詩人がいました）[5]。もしあなたが犬を１匹しか見たことがないのなら、犬はジャーマン・シェパードに違いないと思うかもしれません。数匹の犬を見た途端、犬の意味は思ったよりも豊かだということに気づき始めます。抽象化は、あなたが例を集めて、何が本質なのか、例えば犬らしさを見つける手伝いをすることで、意味を豊かにしてくれます。そうすることで、たくさんの異なるものに関して、何が同じなのかが分かります。

抽象的に考えることは、代数学を学ぶことで得られる強みのひとつです。私たちは、数式の操作や因数分解など、代数のスキルを身

水とワイン

同じ大きさのグラスを2つ用意して、1つのグラスが半分になるまでワインを注ぎ、もう1つのグラスにも半分になるまで水を注ぎます。最初のグラスから一匙分のワインをすくいとり、二番目のグラスに入れてかき混ぜます。ワインがどれだけ混ざったかは気にせず、二番目のグラスから一匙分の液体を取り出して、最初のグラスに入れます。

水のグラスに含まれるワインは、ワインのグラスに含まれる水よりも多いでしょうか、それとも逆でしょうか？

につける練習に捕らわれてしまい、立ち止まって、代数のもつ偉大な力に感謝することを忘れています。代数の力があれば、柔軟な考えができるようになり、関係性にパターンを見出したり、たくさんの問題を一般的な方法で一挙に論理的に解くことができるようになるのです。代数を使えば、複利や消費カロリー、コイン投げの確率などに対して一般的な公式を立てることができます。この公式は、私たちが今まさに直面している問題だけでなく、たくさんの異なる状況に対して有効なのです。見方によれば、二次方程式の解の公式は、二次方程式を解くのにしか役立ちません。でも別の見方をすると、解の公式で、たくさんの異なる問題を同じように見ることができるのです。抽象化は、柔軟に考える力を高めてくれます。これはどのような職業にも必要なスキルです。たくさんの状況で使える公式を導くスキルは、どのような入力でも処理できる柔軟なコンピュータプログラムを書くスキルや、数多くの異なる人々にとって便利な建物をデザインするスキルに結びつきます。

抽象的に考えるスキルは、キャリアの面だけでなく、私たちの生活の他の領域でも、役立ちます。ある問題を解くときには、関係のない詳細を剥ぎ取り、その本質を見つけ出す必要があるのではないですか？　多角的な視点から問題を捉えたいのではないですか？数学のお陰で、そうする準備が整っているのではないですか？　このような理由で、私が、高架線の下を通るトラックに関するパズルを考えるときは、それがトラックであることや、その重さがいくつかということなど、関係のない詳細には立ち入りません。詳細はすべて剥ぎ取り、たくさんの異なる視点から眺めることによって、そのパズルにとって何が本質なのかを見極めようとします。そうしながら、道路の凹みに嵌った車のような、将来起こる問題が、本質的にはこの問題と同じだということを認識する準備をしています。

●数学の探究は、意味の探究

意味の探究は、**持続力**と**熟考**という付加的な美徳も作り出します。アイデアの意味を理解するには、持続した考えが必要です。問題解決に向け、机に向かって数学の問題に思いを巡らすとき、考えを持続するのは大変な仕事です。こうしながら、心の中で繋がりを作り出し、自分の目に見えるパターンを説明する物語を構築します。ウィリアム・バイヤーズは、著書『*How Mathematicians Think*（数学者の考え方）』の中で、一度学んで簡単な概念とみなしていることが、その意味をよく考えてみると、実は極めて深いアイデアであるような事例をたくさん紹介しています[6]。例えば、$x+3=5$ という方程式で、左辺は計算過程（加算）を表しているのに対して、右辺は数を表しています。なぜ私たちは、計算過程と数が等しいと考えるのでしょうか？　同様に、この式を最初に解こうとするとき、変数 x は任意の数を表しますが、最後にはただ1つの数 $x=2$ になります。だとすると、x は任意の数なのか、ある1つの数なのか、どちらでしょう？　このような曖昧性を解決することが、式の意味を理解する鍵であり、これには熟考が必要です。最終的に問題が解決すると、それが喜びに変わります。意味の探究に成功してきたそれ以前の喜びも積み重なり、持続力が養われます。上手くいったことで、さらなる報酬が将来得られると期待できるのです。

したがって、数学を適切に実践することの中心には、意味の探究があるのです。数学的な試みの中に意味を見出すことなしに、数学、あるいは人生で上手くいくことはありません。私は次のような数学の定義が好きです。

数学はパターンの科学である[7]。

でも私はこの定義に内省的な要素を加えたいと思います。なぜなら、ここで使われている**科学**という用語には、発見を生み出すためだけに数学をする、という響きがあるからです。実際のところ、数学には有用性以上のものがあります。さまざまな視点から眺め、アイデアの持つたくさんの意味を熟考することで、美しさが見つかるのです。ですので、私は次のように言う方が好きです。

数学はパターンの科学であり、これらのパターンの意味に深くかかわる技術である。

●ついに解決したタクシー問題！

私たちの車は依然として凹みに嵌ったままでした。他の家族は諦めて、長い夜を車で過ごそうとしていましたが、私はこの問題について検討し続けました。意味と格闘してきた過去で強化された数学の持続力が、私を諦めさせなかったのです。

数学で物語を構築した結果、私たちを苦境に立たせていたパズルは、高架下で動かなくなったトラックのパズルと同種の問題と捉えることができました。

抽象化を好む数学によって、パズルからは余分なものが剥ぎ取られ、本質がむき出しになりました。最初は車と凹みの関係と思われた問題が、実は車とタイヤの関係だったことが分かったのです。では、車を持ち上げたくてもタイヤを膨らますポンプのない状況で私は、車とタイヤについてどう考えるべきでしょう？

洞察が閃いたのはその時でした。車の外に出よ！

５人の人間と荷物という、約700ポンドの重さから解放されると、タクシーは凹みから持ち上がり、私たちは車を前進させることができたのです。私たちは自由の身になりました。

あなたが、「パターンで意味を作る技術」、「数学の芸術的な性質」、「パターンにおける意味」、意味を創造する、何かを表す記号を作る、「見方を選ぶ」、と言うとき、これらの言葉は、数学を理解し、表現する詩的な方法に思えます。まさにこのように、私は数学を理解し、表現したいです。この考えは私の経験にも共鳴します。私にも何となく分かるからです。イギリスの数学者がフーリエについて、「フーリエは数学的な詩である」と言ったとき、数学的な詩を理解し、表現することが私の目標のひとつだと思いました。これは数学だけでなく、人生のあらゆる側面の見方につながります。私にはあなたの言っていることが分かると思います。チェスを創り出すようなものです。記号（駒）を取り上げ、それらに意味（ルール）を与え、それらの間の関係性や相互作用を考えると、それらを取り囲む世界や環境が作り出されます。同様に、非ユークリッド幾何学の創造でも、記号と意味がその独自の世界や環境を作り出すのです。

2018年8月9日

クリス

第 4 章

遊び

遊びは可能性の歓喜だ。
マルチン・ブーバー

誰が最初にそのアイディアに到達したかは
大したことではなく、
むしろそのアイディアがどれほど遠くまで
行くことができるかということの方が重要なのだ
ソフィ・ジェルマン

●遊びが数学に似ている？

生まれて最初に息を吸い込み、必要不可欠な基本的要求が満たされると、赤ちゃんは遊びを通して、彼女の世界を理解し始めます。「アー」と声を出して親が応答するのを待ちます。足を出鱈目に蹴ります。指を口に入れて得られる不思議な知覚について、指と口の２つの観点から探究します。彼女は必要に駆られて行動するのではなく、好奇心に動かされます。呼びかけと応答、パターンの探究、視点の変換を通して、遊び心いっぱいに、身の回りの環境を探ります。数学的な遊びを、体現し始めているのです。

成長するにつれて、遊びに対する欲求は性質を変えてゆきます。遊びは他者と共同する形をとり始めます。遊びは、彼女の学び方、働き方、他者との交流の仕方を形作っていきます。文化的な表現を帯び、運動遊び、音楽遊び、言葉遊び、パズル遊びなど、さまざまな形で現れてゆきます。遊びの持つ多様な側面は、ほぼすべての人間活動に通じています。踊り、デート、工作、料理、庭仕事にも通じますし、仕事や貿易などの真剣な活動にも現れます。実際、文化史家のヨハン・ホイジンガは、文明社会の原型的な活動を形作るのに、遊びは強い影響を与えたと言っています。言語、法律、商業、芸術、そして戦争にすらも、遊びから派生した要素が含まれています[1]。同様の考えで、作家のG・K・チェスタトンは、「人生の真の目的は遊びである、と主張するのはもっともであろう」と言いました[2]。

遊びは人間の深い欲望であり、豊かな生活の印です。

では、遊びとは何でしょう？　定義するのは難しいですが、特徴的な性質がいくつかあります。喜びや余暇のために行う活動ならば、遊びは楽しくなければなりません。でもこの定義では、なぜ遊びが楽しいのか分かりません。赤ちゃんは、「いないいないばあ」をして遊ぶのが大好きですが、どうしてでしょう？

遊びの他の特徴を考えると、その性質についてもっとよく見えてきます。例えば、ほとんどの遊びは**自発的**です。あなたが私に、ピアノの音階演奏を何度も繰り返すように強いたとしましょう。それは練習にはなりますが、私は遊びには感じないでしょう。遊びには**意味**があります。そうでなければ、それに興じることはないでしょう。遊びはある**構造**に従います。ゲームの規則、和音、「いないないばあ」のパターンについて考えましょう。遊びでは、その構造の範囲内におさまるように自由度が抑えられます。ゲームでの戦略の選び方、音楽のリズム、ルービックキューブの回し方、「いないいないばあ」のどのタイミングで現れるかに制限があるようなものです。このような自由度が、私たちをある種の**探究**に導きます。ルービックキューブの追求、フットボールの試合、ジャズの即興などがその例です。このような探究は、私たちを、しばしばある種の**驚き**

に導きます。完成したルービックキューブ、「いないいないばあ」、歓喜に溢れたリフ[i]、言葉遊びから出た会心の駄洒落、フットボールの試合のスリル満点の結末には、驚きがあります。もちろん動物も遊びをしますが、創造的な心と**想像力**がより大きな役割を果たすのが、人間の遊びの特徴です。

ホイジンガが記したように、遊びは参加者を日常から引っ張り出し、「まったく独自の気質に溢れた活動の球の中に一時的に」導きます[3]。例えば、子どもは「ごっこ」遊びをしますし、大人はテーブルを囲んでトランプ遊びをします。ダンスの楽曲は、私たちを3分間、夢中にさせます。音楽の用語を拝借すると、遊びは、人生という交響曲における間奏曲と言ってもよいかもしれません。あるいはコンピュータ用語を借りると、人生をメイン関数としたときの**サブルーチン**ということになります。間奏曲やサブルーチンは、自分の存在する世界を確立して、参加者を熱中させ、彼らを一時的に没入させるか、彼らの注目を集めます。そのため、ときに遊びは逃避のように感じます。遊びが最良の形をとるとき、遊んでいる者は、パフォーマンスについて**互いに嘲ることはせず**、尊敬し、遊びの所有権を互いに与え、結果ついて**長期的な利害関係が生じることはありません**。遊びの最中には勝つことにこだわりますが、次の週には関係なくなっています。

数学は人の心を遊び場にします。適切に数学を実践することは、ある種の遊びに興じることです。パターンを探究して現れるアイデアに喜びを感じたり、物事の仕組みを不思議に思う気持ちを養うのは、遊びにつながります。数学は、計算過程や公式を暗記するものではありません。少なくとも、そこから出発するものではありません。スポーツと同じです。フットボールでは、競い合うために基本

〔訳注ｉ〕 音楽的なパターンを続けて何度も繰り返すこと。

回転ゲーム

私たちは今、遊びについて考えているので、新しいゲームを発明して、探究してみましょう。友達をつかまえてゲームをします。点と辺でできた、開始の図を描きます（下図）。三角形の領域は、セルと呼ばれる3つの小さな三角形に分割されています。

競技者は自分の順番が来たら、図の辺に沿って矢印を置きます。ただし、次のような2つのルールに従わなければなりません。①各辺には1つだけ矢印を置いてよいとします。②沈点や湧点ができてはいけません。沈点は、繋がっているすべての辺で、矢印が自身に向かうように置かれている点を指します。湧点は、繋がっているすべての辺で、矢印が自身から離れてゆくように置かれている点です。このルールでは、遊んでいる過程で、矢印を置けない辺が出てくることもあります。

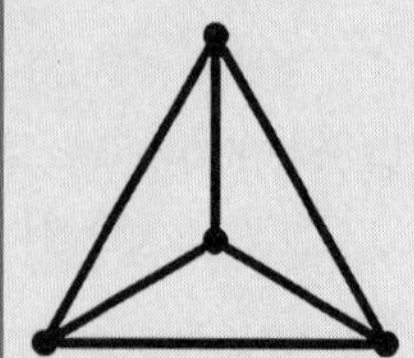

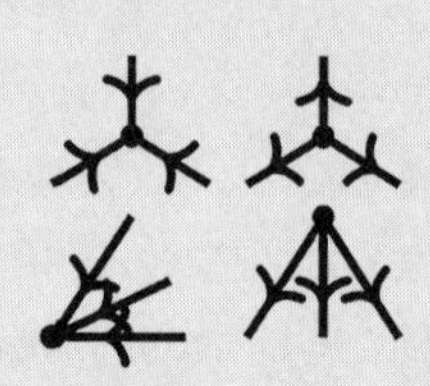

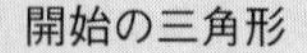

開始の三角形　　回転するセル　　沈点と湧点

このゲームの目的は、回転するセルを作り出すことです。これは、一方向に（時計回りでも反時計回りでもよい）回転する矢印で縁取られたセルを指します。回転するセルを作った人、あるいは、最後に矢印を置いた人が勝ちです。

しばらくの間このゲームに興じてみて、先手と後手のどちらに必勝法があるか考えてみてください。次に、以下のような図でも、回転ゲームを探究してみてください。セルは三角形でなくてもよいことに注意が必要です。

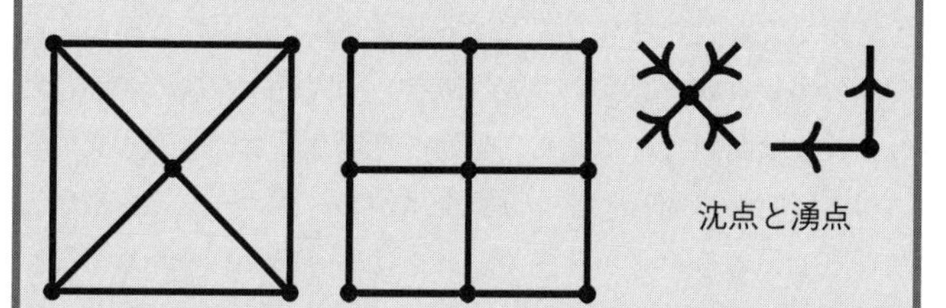

つい先ほど作ったゲームなので、本書を書いている時点では、このゲームが以前に発明されていたか、あるいは、研究されていたかは分かりません。ですので、未解決の問題がたくさんあり、私もあなたのように、楽しみながらゲームを探究しているところです。

の反復練習をしますが、それなしでも楽しんで試合を始めることはできます。

若い頃に私は、5で終わる数の二乗を素早く計算する早道を教わりました。この早道を実行するのは簡単で、暗算できます。興味が湧いたらどのようなものか考えてみてください。明らかなパターンがあることが分かって驚くでしょうが、経験豊富な数学の探究者は、ここから魅惑の世界を期待して、至るところにパターンが溢れ、詳らかにされるのを待っていると考え始めます。あなたの好奇心の趣くままに、いくつか例を試してみてください。

数学を探究していて、新しいアイデアを知るときというのは、このようなものです。アイデアで遊ぶのです。数学の専門家でさえも、研究プロジェクトを始めるときは、探究の遊びに興じます。パターンを凝視し、アイデアと戯れ、何が正しいかを探究し、その過程で生じる驚きを楽しむのです。共同で行う研究では、誰かがフライングしても批判されることはありません。実際のところ、それも探究の楽しみの一部なのです。数学の探究者たちは、すぐに応用されるような問題だけでなく、当面の見返りはなくても本質的な魅力のある疑問も追究します。分野全体がレクリエーション数学として知られているものもあります。レクリエーションのための分野を持つ学問が他にあるでしょうか？

遊びの性質に磨きをかけたものが、数学的な遊びです。数学の遊びは自発的なものですが、練習で培われた深い好奇心に駆られるものです。新しいゲームでもっと遊びたいと思うほど、より気持ちが入るのに似ています。一番練習を重ねた数学の信奉者が、新しいアイデアを思いつき、それで遊びたいという衝動を感じます。もちろん、遊びの構造と自由は、数学の規則に従わなければなりません。これより先では、数学の遊びの儀式は、二段階の数学的探索を通して起こります。

●数学と対話する？

最初は、問いかけの段階です。探索者はパターンの探究に興じ、帰納法を使って、特定の例から一般的な性質があると主張します。これらの主張は予想と呼ばれます。遊びの結果、興味深いパターンが作り出されることが頻繁にあります。例えば、5で終わる数の二乗について探究すると、以下のようになります。

$$15^2 = 225$$
$$25^2 = 625$$
$$35^2 = 1225$$

$$45^2 = 2025$$

数学教育では、数学的な対象物を生徒に示して、「何に気づきますか？　何を疑問に思いますか？」と問うのが流行しています。いま計算した二乗に対して、パターンは見られますか？

このような質問で、私たちは自分の見るものについて深く考えることになり、探究者と数学との間で豊かな対話が始まります。私は、ポール・ロックハートが彼の著書『算数・数学はアートだ！（原題：*A Mathematician's Lament*）』で言った次の言葉が好きです。「想像上のパターンをつくり出す際の素晴らしさは、彼ら（対象）のほうから語りかけてくるということです。」[4]

この対話は、多くの遊びに見られる呼びかけと応答の１つで、行動が反応を作り出します。ジャズのような音楽で、ある楽器が別の楽器に呼応するのも、軍隊の行進で、リーダーが歌の一節を叫ぶと隊員たちがそれを繰り返すのも、テニスの試合でラリーの応酬が起こるのも、赤ちゃんの発声に親が反応するのも同じです。

数学の遊びでは、数学が「何に気づきますか？　何を疑問に思いますか？」と探究者に問いかけ、探究者は観測を通して、「二乗すると、必ず25で終わります。２、６、12、20の数字に共通しているものがあるのではないかと訝しんでいます」、などと応答します。ここで起こっているのが呼びかけと応答です。観測者が主張を行うのに十分と思うまで、このような対話は続きます。例えば、二乗のリストを見た後、あなたは「パターンが見えた！」と喜んで答えるかもしれません。もしそうなら、あなたが手にしたのは予想です。

次に、呼びかけと応答の方向が逆転します。ここで探究者は、例を使って自分の主張を検証し、数学はその主張を確認したり、反証することで応答します。例えば、二乗の問題では、一度、検証するための予想ができると、あなたは数学に「55^2を示して下さい」（ここは、礼儀正しく言うのが適当です）と呼びかけ、数学は「3025」と応えます。あなたは自分の考えが正しいかを確認し、もう一度試すでしょう。「65^2を示して下さい」という呼びかけに、数学は「4225」と応えます。

探究者が自分の予想が正しいかを確信するまで、このサイクルは数回繰り返されます。この過程で、探究者はある概念が重要であることに気づき、そのアイデアを定義として明確にするかもしれません。数学の遊びという間奏曲では、探究者が、新しい基準を確立する力と、創造的な自由を持つのです。

したがって、数学の遊びは、赤ちゃんが「アー」と声を出して、反応に耳を傾けているようなものなのです。牧師さんが真実を説き、「アーメン」の唱和を待っているようなものです。テニスの選手が、新しい対戦相手に対して違うショットを試し、相手の反応を見るようなものです。

●自分の予想を確かめよう

数学の探究における第二の段階は、正当化です。予想を論理的に説明するために、証明や数学のモデルを与えて、**演繹的推論**を行います（数学のモデルとは、何が起こっているかを数学の言語で表現したものです）。この段階で行われる数学の遊びには、定番の方法があります。ある言明が正しいことを示すために、数学の探究者は**背理法**と呼ばれるものを試すかもしれません。これは、言明が正しくないと仮定して、それに矛盾があることを論理的に示す方法です。これによって、言明が間違っている可能性を排除できます。経験豊かな探究者は、**帰納法**による証明を試みるかもしれません。これは、ある言明が正しいことを用いて、次の言明が正しいことを示す方法です。ドミノ倒しで、最初のコマを傾けると一連のコマが全部倒れるように、すべての言明が正しいことを順に示すことができます。

数学を証明するための初手をこのように集めれば、チェスに例えると、初手の一覧表が入手できたことになります。これらを使えば、幸先の良いスタートが切れるでしょう。

数学モデルを作るのに役立つ遊び方として、単純な仮定を立てることが挙げられます。これは問題が簡単に解けるように、遊びの範囲を変えることを意味します。例えば、冷えてゆくコーヒーの数学モデルを立てるのに、経験豊富な探究者は、液体とその冷却速度について、簡単化された仮定を立てます。この単純化で、問題のあらゆる特徴を捉えることはできなくなるかもしれませんが、最も際立った特徴は保たれることを彼らは知っています。

もう１つの数学の遊び方では、見方を変えて、異なる視点から問題を眺めます。以前にツアーのグループで暗い洞窟に入ったとき、ガイドの方に、ランタンを消して、コウモリと同じように、光のない、音だけの洞窟を経験するように指示されたことがありました。私は声を上げて反響音を聞きました。こうすることで、新しい感覚で洞窟を知覚することができたのです。数学の遊びにおいて、視点を変えることは、問題を解く基本です。見晴らしの利く別の地点から問題を眺めて、違う方法で証明すると、問題の異なる側面に気づき、答えを見つける戦略を複数手に入れることができるでしょう。数学者たちがときにいたずら書きをするのはこのためです。彼らは、自分の考えている問題が空間的な要素を持たないときでも、複雑な関係性を表す図を描きます。あるいは、異なる表記や定義を選ぶやり方もあります。私の生徒の一人は、「よい表記や定義を選ぶことは、その題材とどのような対話をするかを決めるようなもの」、と考察しました。視点を変えるというスキルを使うと、教師たちは、ある概念をさまざまな方法で他の人に説明できるようになります。

したがって数学の遊びは、チェスの選手がこれまでの経験から、一番合った先制攻撃を仕掛けるようなものであり、猟師が矢筒から適切な矢を取り出すようなものであり、料理人が料理の創作をするときに、よい調味料を選ぶようなものなのです。よりよい調味料はあるでしょうが、うまくいく調味料の選び方はたくさんありますし、それによって、できる料理も変わります。

このような攻撃を仕掛けられて、あなたの予想に誤りが見つかるかもしれません。あるいは、予想が正しいことがわかればさらなる障壁や新しい課題に立ち向かいます。数学の探究者の創造力がここで試されます。なぜなら、彼女はどのような障害物が置かれても、弾薬庫から兵器を抜き出して、常に応戦しなければならないからです。

これまでに、数学の探究には二段階あると話しましたが、これらは実際には、人為的に区別したものです。第二段階が完了して、証明や数学モデルが確立されると、新しい疑問が沸き起こり、新しいことを証明したり、モデルを改良する必要が生じます。したがって、1つの段階からもう1つの段階を行き来するサイクルが続く、と考える方がより適切かもしれません[5]。

●遊びで発見した数学の神秘

数学の遊びのサイクルを説明するために、5で終わる数を二乗する近道の問題に戻りましょう。十分に検証された予想を手に入れたら、第二段階に進み、なぜこの近道がうまくいくのかを証明します。代数を知っていれば、ある数nに対して、5で終わる数は$10n+5$の形を持つと記述することで、一般式を設定します。これを二乗するとどうなるか見ます。得られた式で、予想は確かめられますか？もしもそうなら、この近道は、5で終わるすべての数に対してうまくいくことを示したことになります。発見の瞬間を自分で味わうチャンスなので、この部分はあなたに委ねます。

あなたと違い、私には、このトリックを自分で探索して、発見するチャンスは与えられませんでした。ある人が示してしまったので、私には、「なるほど！」と思う瞬間がなかったのです。私たちは数学を、自分が伝え聞いたものとして扱うことが極めて多いですが、フランスの哲学者、数学者であるブレーズ・パスカルは、次のように言っています。「人はふつう、自分自身で見つけた理由によるほうが、他人の精神のなかで生まれた理由によるよりも、いっそうよく納得するものである。」[6]（『パンセ（原題：*Pensées*)』）

私はこのような素晴らしい二乗のトリックを知ったことで、さらなる遊びの世界に飛び込み、研究を進めました。5で終わる数の二乗が25で終わるなら、25で終わる数の二乗については何か言えるでしょうか？　あなたへのちょっとした挑戦です。挑戦を受けるのであれば、ルールを考え出して、証明してみてください。

5で終わる数の二乗よりもずっと面白いものが観測できます。25で終わる2つの異なる数を掛け合わせると、いつも25で終わる数が出てくるのです。これは素敵な性質なので、名前をつけましょう。私たちが自分の頭の中で発明したアイデアに名前をつけるのは、数学遊びの持つ、楽しくて創造的な側面です。

ある数の最後の数桁を、「終わり」と呼ぶことにしましょう。ある終わりを持つ2つの数の積も、同じ終わりを持つなら、そのような終わりを「頑強」と呼ぶことにします。したがって、…25は頑強な終わりを持つ数です。これで次の疑問が生じます。

二桁の終わりで、これ以外に頑強なのはどれでしょう？

私たちがよい定義を与えたために、疑問を述べるのがどれだけ簡単になったか注意してください。少し探索してみると、頑強な二桁の終わりは4個あることが分かります[7]。

...00, ...01, ...25, ...76

おそらくあなたも、...00の終わりは頑強になると推量していたで

幾何図形パズル

3つの重なった長方形は合同（それぞれの大きさと形は同じ）で、それぞれの面積は4です。黒の点は、短い辺の中心点を表します。3つの長方形の境界は、真ん中の一点で交わります。この配置で覆われる総面積はいくつでしょう？

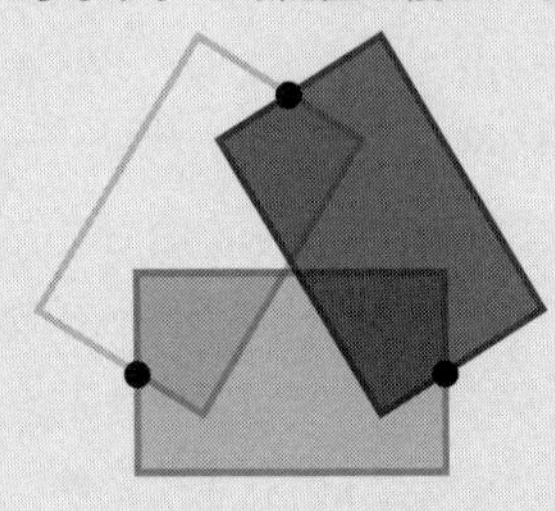

このパズルは、英国ケンブリッジの数学教師カトリオナ・シェーラーが作り、彼女の厚意から提供されたものです。彼女はこのような幾何図形パズルを作るのが楽しみで、ツイッターで広く知られるようになりました。彼女の趣味は探究から始まりました！　彼女は次のように言っています。

> 休日でスコットランドのハイランド地方に行きましたが、コートを持っていくのを忘れて、友達よりも室内で多くの時間を過ごす羽目になりました。「解けるかしら…」と考ながら、私は落書きを続けました。それが趣味に転じるとは予想していませんでしたが、少し病みつきになっています…　パズルは単なる落書きから始まります。1ページ丸ごと使って、異なる角度で重なった長方形や、別の部分に陰影のついた正五角形ができます。そして、図形の長さ、面積、角度などの間の関係に、あざやかな数学が隠れていないかを確認します[a]。

a) ベン・オーリンによるシェーラーのインタビュー「Twenty Questions (Of Maddening, Delicious Geometry)」を参照。2018年10月3日付けのブログ（Math with Bad Drawings）に掲載。
https://mathwithbaddrawings.com/2018/10/03/twenty-questions-of-maddening-delicious-geometry/

しょうが（なぜ？）、それ以外の終わりについては明らかではありません。76で終わる数は、どのような2つをとっても、その積が76で終わることは、私には確かに驚きでした。では、三桁の終わりはどうでしょう？　どれが頑強ですか？　三桁の終わりは1000個ありますが、すべてを試さなければいけないでしょうか？（ヒント：答えはノー）　ここでもやはり、4個しかありません。

...000, ...001, ...625, ...376

4桁の終わりの中で頑強なのはどれでしょう？ 5桁の終わりの中で頑強なのはどれでしょう？

このような一連の疑問を調べるにつれて、それぞれで得られる答えが私には驚きでした。任意の与えられた長さに対して、たかだか4個しか頑強な終わりはないようなのです。この終わりは、その前の長さの桁の終わりから「続いて」います。したがって、...625から ...0625という4桁の終わりが導かれ、ここから ...90625という5桁の終わりが導かれます。これを続けると、

...259918212890625

は、15桁の頑強な終わりのうち、5で終わる唯一のものとなります。これは、始まりのない神秘的な数列が持つ、興味深い終わりです。私は、数学の世界の隠された美が表出したと感じました。

桁の長さを伸ばすと、その他の頑強な終わりはどうなるでしょう？　自分で探究したくて、何が起こるかを知らされたくなければ、このことに関する巻末の原注は読まないでください[8]。とにかく試してみてください。私に15桁の頑強な終わりをすべて計算させたくらい、この発見は魅惑的でした。そして私は別の疑問を立てました。「これらの終わりの数の間には、どのような関係があるでしょう？」

私は机に向かってしばらく眺めました。

そしてそのとき、目もくらむような一瞬に、パターンを見たのです！（ところで、このパターンを見るために、15桁まで計算する必

要はありません。）　世界が大きく開かれ、深遠なものが示されたかのように、私は神々しい畏敬の念を抱きました。誰か他の人がこれをすでに見たことがあるのか、私は疑問に思いました。この興奮を他の人と共有したいと思いました。それはスリルのある美しいパターンであると同時に、神秘的でもありました！　私はそれが正しいに違いないと感じましたが、なぜ正しいのかは分かりませんでした。

その後数年間、そのパターンの秘密は明かされませんでした。大学で数論のコースを履修し、中国の剰余定理を学んだとき、ついに私は、なぜそこにパターンがあるのかを理解し、証明することができました。頑強な終わりについては、すでに他の人たちが調べていたことをその後知りましたが、関係ありませんでした[9]。遊びの喜びは、これらのアイデアがどれだけ遠くまで到達できるかを見ることなのです。

いま起こったことに驚くのに、数論を知っている必要はありません。パターンに気づき、「なぜ？」という疑問を問いかけるだけで、あなたは数学の遊びに興じているのです。あなたは現世のリズムから離れて、別の間奏曲に夢中になったのです。ここであなたの持続力と遊びには、驚き、喜び、真実との深い結びつきという報酬が与えられます。新しい次元のスキルを身につけたあなたは、新しい形で成長するでしょう。

●数学の遊びで何が得られる？

数学の遊びを適切に実践すると、私たちの人生のあらゆる領域を豊かにする美徳が育まれます。

例えば、数学の遊びは**希望に満ちた考え**を育みます。十分長い時間をかけてある問題を仔細に調べるとき、あなたは、それがやがて解けるであろうという希望を培っているのです。希望に満ちた経験は、私たちが格闘する他の困難な問題にもつながります。あなたが探究するにつれて、数学の遊びは好奇心を育み、集中力を高めます。これは日々の生活で注意散漫になることを避け、楽しみ、夢中になりながら1つのことに焦点を当てる力です。シモーヌ・ヴェイユはこう言っています。

> 幾何学に対する才能や生来の嗜好がないからといって、問題に取り組んだり、定理について研究することが、注意力の発達につながらないわけではない。それどころか、むしろ有利に働くのだ[10]。

数学の遊びは、**葛藤に対する自信**を育みます。あなたは葛藤することに慣れているので、それがどのようなものか分かりますね。あなたは葛藤することを厭わず、それであなたの脳が苦痛を味わっても、心は歓迎していることに気づきます。結論が出るまでに数年かかるかもしれませんが、数学の遊びは、答えを待ちながら修練する**根気**を養います。数学の遊びは、**忍耐力**を養います。毎週サッカーの練習をすることが次の試合に向けた筋力強化になるように、毎週、数学について調べることで、次の問題が何であれ、それに取り組む力が養われます。たとえ現在取り組んでいる問題が解けなくても構いません。

数学の遊びは、問題を多角的に捉えるために、**視点を変える能力**を培います。また、遊びを通して、コミュニティに貢献するための**心の開放性**も育まれます。他の人たちとある問題に取り組み、ともに葛藤し喜びを分かち合うと、彼らに対する見方が変わります。これは、数学の遊びを通して養われる最も重要な美徳の1つです。

心の開放性は、遊びが腐敗すると、いとも簡単に色褪せてしまう美徳の1つです。例えば、パフォーマンスを過度に強調すると、不健全な競争心が生まれます。報酬を上げると、喜びが損なわれ、遊びの開放性がなくなります。遊ぶ人を選ぶ排他性や傲慢が生まれると、遊びの気高さも台無しになります。

数学者のG・H・ハーディは、『ある数学者の生涯と弁明（原題：*A Mathematician's Apology*）』と呼ばれる有名な数学の答弁を執筆しました。気概に溢れ、ときに感動的な著書です[11]。ただし彼は、数学的な業績を、数学者にとって最も重要な目標として重んじているように見えます。実際、「自明な」問題のことを嘲り、彼自身の数学的な貢献を平凡なものと判断しています。私からすると、これは数学をすることの見返りを無闇に強調し過ぎたもので、遊びに溢れたものであるべき活動から、喜びを剥ぎ取ってしまっています。

数学を競技スポーツではなく、楽しいスポーツと考えると、その教え方はまったく違ったものになるでしょう。

数学コンテストに関する話題には微妙な側面があります。このコンテストは、コミュニティーで問題解決の経験を共有することを奨励する、数学の遊びの一形態です。私は、その価値に疑問を持つ人がいることも、その理由についても知っています。そのような集会が不健全な競争心をあおることもあります。特に競技の設計が悪かったり、創造力よりも速さ（数学のスキルではなく計算のスキル）を重視するのは問題です。数学を楽しんでいる人は幅広くいるのに、一部の限定されたグループしか関心をもたないことも多く、全く招かれない人たちもいます。勝者は、「数学ができる」あらゆる人の中の代表に違いない、と一般に考えられるのに残念なことです。天武の才を持ったアスリート全員が、100メートル走に全く興味がない、あるいは一度も試みたことがないと考えてみてください。100メートル走を「スポーツ競技」と呼び、勝者を「スポーツに秀でた」唯一無二のアスリートと奉るのはばかげているでしょう。

それでも私は、よく設計された数学コンテストに長所があることもたくさん見てきました。面白い問題に対する情熱を共有できるコミュニティーや仲間を初めて知った子どもたちを見ました。このコミュニティーでは、彼らが奇妙な行動をとったとしても、揶揄されたり、恥ずかしがる必要はありません。心の開放性によって、そこにいるすべての人に受け入れられます。そして、取り組んだ問題がとても面白ければ、その後も新しくできた友達とアイデアを議論して、数学の遊びは続きます。

2016年にアメリカは、国際数学オリンピックに2年連続して優勝しました。それ以前は20年間勝っていなかったことを考えると、アメリカのチームにとって、これは特筆すべき成果でした。あまり注目されていなかったのは、アメリカのコーチのポーシェン・ローが、他国からチームを招き、準備のための訓練を一緒にしたことです。彼は競技よりもコミュニティーを優先しました。彼は一緒に問題を解く楽しさを強調しました。この行為にシンガポールの首相は感銘し、彼の推進した素晴らしい共同作業に関して、オバマ大統領（当時）に感謝しました[12]。勝つことは、数学の遊びの精神を真に楽しむほど重要ではなかったのです。

遊ぶという人間の深い欲望を通して、私たちは数学に惹き付けられます。したがって遊びは、数学の学びにおいて大きな役割を果たすべきです。誰もが遊ぶことができます。誰でも遊びを楽しむことができます。プラトンは、「友よ、強制ではなく遊びで、子どもたちに学びを続けさせよ」[13]と言いました。

数学の遊びを、あなたの学びの経験の中心に置く方法はたくさんあります。身の回りのあらゆるパターンを探してみてください。パターンに遭遇するたびに、問いかけを始めてください。もし問題を与えられたら、それと戯れて、答えを探す前に感覚を掴みます。問題を解くのに成功したら、さらなる研究につながるフォローアップの問いかけをする練習をしてください。家庭でも、クラスでも、友達の輪でもいいので、面白い問いかけを大事にするコミュニティーをあなたの周りに作ってください。あなたが親、あるいは教師だったら、このような活動で、自分が答えられない質問が出てくることを恐れるかもしれません。でも、それは探究者として当然なのです。答えが分からないことがあっても、あなたは、数学の遊びを通して、美徳を育む方法を知るでしょう。このような美徳は、子どもや生徒が、自分の探している答えを見つける助けになります。

遊びは人間としての私たちの存在の基本です。遊びたいという欲求があるからこそ、すべての人が、数学を実践し、楽しむのです。

注意：この手紙でクリスは「ブラウニーを分割する」問題（第１章）を解きます。解答を読みたくなければ、最後の段落まで読み飛ばしてください。

フランシス、今回はあなたの問題を正しく解いた自信があります。まず、この問題はきわめて条件付きに思われます。そこでここでは条件付きの答えをもう2つ書きます。

2 (a). 2つの長方形が中心点を共有せず、外側の長方形の対角線の１つが、内側の長方形の中心と交わるなら、いま今言った外側の長方形の対角線に沿って切ればよい。

2 (b). 内側の長方形の中心が、外側の長方形の両辺から等しい距離にある場合、内側の長方形の中心を通る水平線が答え。

でもここで私は、線の傾き、内側の長方形内の三角形、内側の長方形の面積、斜辺、隣辺〔訳注：直角三角形の直角をはさむ2辺)、辺と辺の角度、距離について考えなければなりませんでした。そして、線は2点の間の距離で決まり、直線は任意の2点を通して描かれます。

このとき頭に閃きました。

3.（一般的な答え）：要するに、内側の長方形の中心と外側の長方形の中心の両方を通る対角線で十分であろう。

これはよい問題でした。教示的で、すでに知っていることを考えさせられます。最初の答えを送った後…唐突に、私の答えの一部は必ずしも正確でないことに思い当たりました。より正確にする方法について、私には感覚がありましたが、それが答えを必要以上に複雑にしてしまうことは明らかでした。私をよりよい答えに導いてくださり、ありがとうございました。

2018年1月28日

クリス

第5章

美

数学的な洞察で得られる憧れと満足は、
数学の主題を芸術に近づける。
オルガ・タウスキー・トッド

あなたはなぜ美しいものを他人と共有したいのだろう？
それは、彼（彼女）にもたらされる喜びと、
それを伝えることで、あなたも美を今一度享受できるからだ。
デビッド・ブラックウェル

●建築の美と数学の美

大学生のとき私は、一般教養として美術のクラスを履修しなければなりませんでした。当時の私が美術に胸を躍らせていなかったことは認めます。ある友人が、「建築鑑賞」のコースをとることを勧めましたが、それは受講が楽で、ほとんどの時間を涼しくて暗い講堂で、絵画を鑑賞して過ごすことができたからです。私は自分が触発されるとは思っていませんでした。にもかかわらず、それは、いろいろな意味で人生を変える経験になったのです。担当教授は、私たちを美しい建物のツアーに連れ出し、なぜそれらの建物がそれほどに崇拝されているのかを理解する手助けをしてくれました。見てすぐに分かる名作もありましたし、理解に時間のかかるものもあり

ました。私は様式と機能の関係や、歴史的な流れを理解し始めました。個人的に好きなものとあまり関心のないものが何かを認識し、それがなぜなのかが分かり始めました。私は、建築美の文化とそれを取り巻く背景を尊重するようになりました。

そのクラスを受講して以来、建物を以前と同じように見ることはなくなりました。今ではある建物をみて、それがいつの時代に建てられたのか分かることもしばしばです。建築家が何を達成しようとしていたのか想像できることもよくあります。私が最初にハーバード大学のキャンパスを歩いてセバーホールを見たとき、それまでにその建築を見たことがなかったにもかかわらず、建築家H・H・リチャードソンの作品と認識できたときの感覚を今でも覚えています。それは私が建築美に敏感になっていたからこそできた、「なるほど！」の瞬間でした。

フィールズ賞（若い数学者に与えられる世界一の賞）を受賞したマリアム・ミルザハニは、「数学の美は、より辛抱強い学徒にしか姿を現さない」[1]と言いました。彼女が言わんとしていたのは、数学の美を明らかにするには、ときに時間がかかるということでした。建築美を享受するのに少し努力が必要なように、数学の美もゆっくりとその威光を露わにして、辛抱強い学徒に報いることがあります。

でも数学の美は、数学の探究者に対して、目がくらむような瞬間に、姿を現すこともあります。彼女が格闘してきた問題に対して、エレガントな解が突然見えるのです。これが、パズルのピースが合わさり、すべてが明らかになる、「なるほど！」の瞬間です。私のセバーホールでの経験のように、数学の閃きは、深淵なものを認めるスリルです。

あなた方の多くは数学の美を経験していますが、それに気づいていないのだと思います。周りにある建物を鑑賞していても、実際には深くまで見ていないのと同じです。建物の機能は分かっても、その様式を鑑賞していないのです。これまでに建物を見たことがない人もいるかもしれませんが、それもいいのです。そのような人が建物に慣れて、好みの建物を見つけるまでには、時間がかかるかもしれません。ですので、あなたが本当に数学の美を注視したことがなければ、私は、それが一体何なのかをあなたが把握し、数学の探究者として、その世界を受け入れる手助けをします。

●数学の美って私にも分かる？

美に対する欲望は、私たちにとって普遍的なものです。美しいものを喜ばない人がいるでしょうか？　心を打つ夕暮れ、荘厳なソナタ、深淵な詩、啓蒙的なアイデアなど、私たちは美に惹きつけられ、心を奪われ、傾倒します。私たちは美を作り出そうと追求します。美は人間の基本的な欲望であり、美を表現することは、豊かな生活の印です。

美は数学にも様々な形で現れますが、あまり享受されていません。多くの人はそれを経験するチャンスがないか、あるいは経験していてもそれが数学的だと認識していないためです。でも、数学の探究者や専門家たちは、彼らが数学を追究する主要な目的の１つとして、しばしば美を引き合いに出します。ある研究によると、人々が視覚的、音楽的、道徳的な美に反応するのと同じように、数学者は数学の美に反応するそうです。感情、学習、喜び、報酬を司る脳の部位が活性化されるのです[2]。

もしあなたが夕暮れやソナタ、詩歌を楽しんだことがあるのなら、数学の美を体験してみたいと思いませんか？　すぐ手の届くところにあります。

多くの人が美の一般的な特性について、定義あるいは特徴づけを試みています。美の哲学では、美がどの程度主観的（観測者に依存する）あるいは客観的（称賛される物体に固有の質に依存する）かについて議論されています。この論争をここで解決しようとは思いません。なぜなら、どちらが正しいというようなものではないからです。一方で、各人の嗜好は異なりますし、何が美しいとされるかに、文化も影響することは否めません。他方で、数学の美には、数学者たちが幅広く同意する特徴があります。多くの数学者がそのようなリストを書き下そうと試みました。G・H・ハーディは数学的なアイデアの美は、「重大性」だけでなく、意外性、必然性、表現の簡潔性に宿る、と主張しました。哲学者のハロルド・オズボーンは、数学の美に関する書物を調べ、秩序、一貫性、明晰性、エレガンス、明快性、意義、簡潔性、広汎性、洞察などの質を挙げています。数学者のウィリアム・バイヤーズは著書『*How Mathematicians Think*（数学者の考え方）』で、曖昧さ、矛盾、パラドックスは、数学の重要な特徴であり、数学の美しさと捉える人もいると強調しています[3]。でも、美の特徴を列挙するのは、寿司の魅力を、温度や食感、酸味で伝えるようなものです。

経験したことのない人にそのことを説明するのは難しい課題に思えるかもしれません。色を見たことのない人に、虹を説明するようなものです。でも実は、目の見えない人は、他の感覚や感情に色を付けることで、それを感じようとしているのです。ですので、数学者のポール・エルデシュが言った悲観論を私は受け入れません。彼は数学の美しさを説明することについて、有名な言葉を残しています。「それはなぜベートーベンの交響曲第九が美しいのかと尋ねるようなものだ。なぜかがわからない人に、他の人がその美しさを説明することはできない。」[4]

これから数学の美について説明してゆきますが、他の解説とは違い、私は美の**体験**に焦点を当てたいと思います。秩序や明快性、エレガンスをあなたはどう感じますか？

●数学の美をどう感じる？

私は、数学の美には4タイプあると考えます。

最初のタイプで、最もアクセスしやすいのは、**感覚的な美**です。これは、あなたが視覚、触覚、音などの感覚で経験する、パターンを持つ対象の美です。そのような対象には、自然なものも、人工的なものも、仮想的なものもあります。砂の波紋に現れる魅力的なパターン、ロマネスコ・カリフラワーのフラクタル模様[i]、シマウマの縞模様は、すべて数学の規則によって作り出されます。音楽は、感覚的な美を感じさせる音波のパターンです。あらゆる文化圏で作られる工芸品にはパターンがあり、中には複雑な数学のアイデアで創られているものもあります。世界的に人気なのは、キルトの刺しゅう模様でしょう。イスラムの美術は、複雑な幾何学的デザインで特に有名です。マンデルブロー集合[ii]は、どのような大きさに拡大しても同様の美しさを示す印象的な幾何学的対象ですが、1980年代にパソコンの計算能力が上がり、スクリーンセーバーの模様として計算できるようになると、人々の想像力をかき立てました。

感覚的な数学の美を感じることは、自然の中で呼び起こされる感情に似ています。美しい森を歩くと、喜びを感じるようなものです。森の中で、あなたは自分の見た秩序やパターンを尊いと感じ始めます。あなたは細部にも注意を払うようになり、魂が静まります。パリのサント・シャペルに行き、ステンドグラスを通して差し込んでくる光のまばゆいパターンに身を浴したことがあれば、私の話していることが分かるでしょう。建築物や音楽は、その没入的な数学的性質ゆえに、感覚的な美を強く感じさせます。花のようなロゼットを用いてシュタイナーの環を描いたフランク・ファリスの作品（図

〔訳注ｉ〕 フラクタルとは、部分と全体が自己相似になっている図形を指す。
〔訳注ii〕 複素平面上で定義されたフラクタル図形。

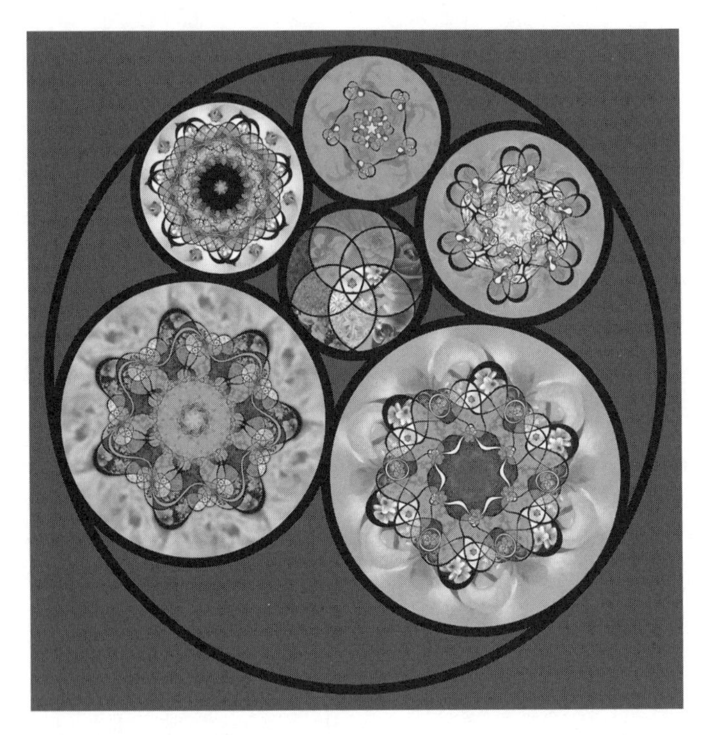

図5-1　数学者フランク・ファリスによる花のようなロゼット

ファリスは、複素解析の手法を用いて写真素材から作品を創ります。この絵は、シュタイナーの環を描いたものです。シュタイナーの定理では、ここに示されているように、与えられた2つの円の間の領域に、いくつかの円を内接させて、環を構成できる条件が示されています。外円は、中心にある花のコラージュ由来の色を持つロゼット模様で満たされています。（オリジナル版は色付きですが、白黒でも目を見張るような作品です）。

5-1）を味わうたびに、私はこのように感じます。対称性、滑らかな曲線、角度などの形の中に、感覚の美を経験するとき、あなたは自然の中で、抽象代数、微分積分、幾何学を経験しているのではないでしょうか？

このように感じることで、なぜ数学の美には、秩序や単純さが頻繁に見つかるのかが分かります。これらは、調和やバランスの感覚と、魂の静寂を呼び起こすのです。ですから、数学の美の中で、感覚の美が最もアクセスしやすいものであっても、それはとても深遠なものになり得ます。この種の美を経験するのに数学を知っている必要はありません。そのまま享受すればよいのです。感覚の美を大切にすれば、数学の探究者として世界を知覚するようになるでしょう。

●数学の美に驚く？

二番目の数学的な美は、驚くべき美と私が呼ぶものです。驚きという語は二通りの意味で使っています。1つめは、畏敬の念を感じる感覚で、何か驚くべきものを見るときに生まれます。2つめは、好奇心を感じる感覚で、心の中で不思議に思い、興味を持ち、問いかけを行います。感覚的な美は、物理的な対象物に宿ることが多いのに対して、驚くべき数学の美は、常にアイデアとの対話を招きます。

驚くべき美は、感覚の美の後に続くこともあります。美しい幾何学的なデザインを見るとあなたは、「それはどのように作られている？」と問いかけを始めるかもしれません。心を高揚させるハーモニーを聴くとあなたは、「なぜそんなに魅力的に響くのだろう？」と問いかけを始めるかもしれません。「どうして？」と「なぜ？」で、数学的なアイデアとの対話が始まります。ファリスの作品を見ると、その際立ったパターンはどのように生成されたのか推測したくなります。驚くべき美を経験するのに、自分の疑問に対する答えを持っている必要はありません。

驚くべき美は、感覚の美と関係しない場合もあります。例えば、$E = mc^2$のような式を数学者が美しいと思うときは、その式を表した文字の物理的な形状を称賛しているのではありません。そこに内包されているアイデアを称賛しているのです。この式は、エネルギーと質量が何らかの形で相互に変換可能で、僅かの質量が膨大なエネルギーに相当することを言っています。また、数学者が

$$e^{\pi i}+1=0$$

という式を美しいと思うなら、おそらく世界で最も重要な定数のうちの5つが、なぜ同じ方程式に現れるのか、明らかな理由がないからでしょう。これは、ハーディーが数学の美の要素として言及した意外性の驚きです。この式は私たちを、驚くべき美に導きます。この驚きで、私たちは式に興味を持ち、なぜかを問うからです。

M・C・エッシャーは有名なオランダのグラフィック作家で、彼の魅力は驚くべき美にあります。彼の作品を前にして、そのことを考えることなしに立ち去ることは困難です。彼の作品には、対称性や無限などの数学的な主題が含まれていることが多い一方で、座標系を変える曖昧さが追究されています。「相対性」(1953年)や「滝」(1961年)などの作品に見られるように、彼は不可能な眺めを描くのを好みました。局所的には可能(小さな領域ではすべてが問題なく見える)でも、大域的には不可能(全体として、その眺めを実世界で実現することはできない)という興味深い性質が見られます。彼の作品は、驚くべき美の最重要な例であり、観察者と数学的アイデアの

100	99	98	97	96	95	94	93	92	91
65	64	63	62	61	60	59	58	57	90
66	37	36	35	34	33	32	31	56	89
67	38	17	16	15	14	13	30	55	88
68	39	18	5	4	3	12	29	54	87
69	40	19	6	1	2	11	28	53	86
70	41	20	7	8	9	10	27	52	85
71	42	21	22	23	24	25	26	51	84
72	43	44	45	46	47	48	49	50	83
73	74	75	76	77	78	79	80	81	82

図5-2　ウラムの螺旋

素数(丸印)は、対角の直線群に集まるように見えます。

間の対話を招くものです。

1963年、数学者のウラムはある科学の会合で、興味のない話を聴くのに退屈していました。マーティン・ガードナーは次に何が起こったかを記しています。

> 時間をやり過ごすために、[ウラムは] 一枚の紙の上に、水平線と垂直線の格子を落書きしました。彼の最初の衝動は、チェスの問題を作ることでした。そのとき彼は気が変わり、交点を数え始めました。中心近くを1、そして螺旋状に反時計回りに離れていきます。特に終わりを意図することなしに、すべての素数に丸をつけ始めました。本人も驚いたことに、素数は直線群に集まる異様な傾向を持っているようでした[5]。

この現象が観測されたのは、とても大きな螺旋に対してでしたが(試してみてください!)、私が書いた小さな螺旋でも、満足のいく説明なしでも、パターンはそのままということが分かります。ウラムは、ときに遊びから湧き起こる驚くべき美を経験していたのです。このように予期せぬパターンを目にしたとき、あなたは「なぜか」と問いかけずにはいられません。畏敬の念と好奇心の両方を感じるのです。

●「なるほど!」と思う数学の美

三番目の数学的な美は、**洞察に富む美**と表現できるかもしれません。これは理解することの美しさです。対象物を扱う感覚的な美や、アイデアを扱う驚くべき美とは異なり、洞察に富む美は、**推論**を扱います。数学の探究者にとっては、論理的に正しい推論だけでは物足りません。彼女は多くの場合、最上の証明、すなわち最も単純な、あるいは最も洞察に富んだ証明を求めます。数学者たちはこのような証明に対して、「エレガント」という特別な用語を用います。ポ

写真5-1　シドニーのオペラハウス

ール・エルデシュは、最もエレガントな定理の証明がすべて記録されているものを、「ザ・ブック」と呼び、神が保持するものと言及しました[6]。

美しい詩が、選ばれた単語に依存するのと同じように、洞察に富んだ美は、エレガントな推論に依存します。したがって、洞察に富む美は、対話に強く依存するという驚くべき特徴を持っています。対話に乏しければ、どのような証明も、明晰にもエレガントにもなりません。しかし、対話が良好であれば、その証明は、詩のように人の魂を揺さぶり、巧みな話術で語られたジョークが驚きの結末を生むように、歓喜を呼び起こします。数学の探究者たちは、洞察に富む美の作り出す感情を渇望します。

シドニーのオペラハウスは、その特徴的な建築のために、世界で最も象徴的な建物の1つとなっています。貝殻の形をした仕切りを持つ屋根が、港の設定と組み合わさることで、帆船の帆を想起させます。でも、この屋根が具現化された過程には、洞察に富む物語があります。オペラハウスの建築設計には、コンペが行われた結果、1957年に建築家ヨーン・ウツソンの案が選ばれましたが、当初、貝殻の形はぼやけたものでした。ウツソンがその後に計画した、放物線状の異なる貝殻を作る案は、技術的な観点から実現不可能でした。政治的な圧力から、費用や屋根の設計の問題が解決するのを待たずに、1958年から建築は始まりました。屋根の設計は何度も練り直されましたが、費用が問題でした。仕切りとタイルのために、多数の異なる鋳型が必要だったためです。屋根の仕切りが合わさる境界の曲線を決めるのは、非自明な数学の問題でした。1961年後半に入り、突如としてウッソンは閃きました。オペラハウスのホームページには、何が起こったのか記載されています。

> 大きな貝殻のモデルを積み重ねて空間を作っていたとき、ウッソンはその形状がとても似ていることに気づきました。それまで貝殻は、それぞれが異なったものに見えていました。でも、それらがとても似通っている印象を得た今では、球の［表面］のような、単一で一定の鋳型で作れるように思われました。
> 　この単純さと繰り返しの容易さはとても魅力的でした。
> 　これは、反復的な幾何形状で、建物の形を事前に組み立てられることを意味します。それだけでなく、外観面を傾ける際に、一様なパターンも作れます。このたった１つの統一的な発見によって、シドニーオペラハウスの独特の特徴がついに実現されたのです。円天井のアーチから、時代を超越した帆のようなシルエット、並外れた美しさを持つタイル仕上げに至るまで…
> 　どこから見てもそれは、重大な問題に対する美しい解決策でした。これによって建築物は、単なる型（この場合は貝殻形状）を超えて、恒久的なアイデア、つまり球の持つ普遍的な幾何構造に固有のアイデアに昇華されました[7]。

ウッソンに閃いた洞察は、「なるほど！」の瞬間としばしば表現されます。数学ではこれが、突然理解が進むスリルの瞬間なのです。エレガントな解や輝かしい証明を発見したときのように、何かぼん

丸太の上のアリ

100匹のアリが丸太の上に無作為に落とされ、それぞれのアリは、一端か、もう一端を向いています。丸太は１メートルの長さで、左から右に延びています。それぞれのアリは、毎分１メートルの一定の速度で、左端か右端に向かって移動します。２匹のアリが出会うと、互いに跳ね返り、方向を反転させますが、そのままの速度を保ちます。丸太の端に着くと、アリは転落します。ある時点ですべてのアリは転落します。

質問：

考えられるあらゆる初期の状況から開始して、アリが丸太からいなくなることを保証するのに必要な時間の最大値はいくつでしょう？

やりしたものが、極めて明快になるときです。これに続く感情として、目がくらむような興奮をおぼえ、ついにすべてが理解できたときに、大きな描像が見える経験と結びつきます。

洞察に富む数学的な美は、買い物をしていて、自分が気づかなかった欲望に合致する商品に出くわす感じに似ています。謎めいた映画を見ていて、最後にすべてが解き明かされたときのような感覚です。人々が２回目の映画鑑賞でさらなる詳細を確かめるように、数学の探究者たちは、もう一度、洞察に富む議論を楽しみ、派生する問題や、一般化、応用などを考えます。

さて、冴えない解が突然見つかることも確かにありますが、その場合に結びつく感情は興奮ではなく、試練が終わったという安堵感です。長ったらしい議論は、パッとしない結果に終わることが多く、すぐに忘れられてしまいます。議論の単純さと明晰さが、数学の美と結びついているのも不思議ありません。

洞察に富むパズルはしばしば共有されます。左のページのパズル「丸太の上のアリ」は、私が数学の会議で偶然に話した人から聞いたものです。

この問題に対して、簡潔でエレガントな見方をすると、「なるほど！」の瞬間が訪れます（ヒントが必要なら、巻末の「パズルのヒントと解答」を参照してください)。

洞察に富む美は、洞察が閃く中で現れるか、あるいは、時間が経つにつれてゆっくりと評価が高まる中で現れます。異なる主題と思われていた場所で、何度も繰り返し現れるのを見るまで価値の分からない数学のアイデアもたくさんあります。数学で繰り返し現れる主題の一つが、「双対性」です。これは、2つの数学的なアイデアの間に存在する自然な対のことを指します。例えば、乗法と除法、サインとコサイン、和集合と積集合、点と線です。双対性に気づくことは、鏡を通して、異なる挙動を示していた2つの生き物が、実は同じだと気づくようなものです。たくさんの文脈で見るまで、私には双対性の価値が分かりませんでした。いまでは美しいと思います。

●関係ないと思っていた対象を繋げる数学の美

数学の美を最も深く経験できるのは、**超越的な美**です。これは、感覚的な美や、驚くべき美、洞察に富む美を増幅するだけでなく、これらをはるかに超えてゆきます。超越的な美は、特定の対象、アイデア、推論の美から、より偉大なある種の真実に移行するときに一般に現れます。深淵に存在する重要性や、既知のアイデアとの深いつながりを詳らかにする洞察です。この種の美を経験すると、あなたは心の底から畏敬の念を感じ、感謝の気持ちすら覚えます。数学者のジョーダン・エレンバーグは、『データを正しく見るための数学的思考（原題：*How Not to Be Wrong*）』の中でこのように記述しています。

> 実際には、数学的理解の感覚——何がどうなっているかを突然知って、頭から爪先まで達する全面的な確信を抱く——は、特別なもので、人生の他の場所ではなかなか達成できない。宇宙の確信に達したと感じ、そのからくりに手をかけたと思う。そういう経験をしたことがない人に対してそれを表すのは難しい[8]。

数学の探究者の多くは、次のような形而上学的な疑問を投げかけることで、超越性を感じたことがあります。なぜ数学は世界を説明できるほど強力でなければならないのでしょう？　アルバート・アインシュタインは問いました。「結局のところ、経験とは無関係な、人間の思考の産物である数学が、現実の対象を見事に言い当てることができるのはなぜだろう？　経験がなくても、考えるだけで、人間の推論は、現実の物事の性質を突き止めることが可能なのだろうか？」[9]　彼は、超越的な美を経験したときに感じた畏敬の念について表現していました。彼の驚きを受け入れることで、私たちもその驚きを経験します。

数学の探究者たちは、全く異なる分野を統合する理論にも超越性を見出しますし、それが言語に反映されることもあります。「モンストラス・ムーンシャイン」というのは、風変わりな名前ですが、数論と、モンスター群として知られる桁外れな対称構造の間に存在する、予期せぬつながりを指します[10]。1970年代後半に発見されました。不思議なことに、数論で重要な関数に現れる係数が、モンスター群の重要な次元の和にも現れたのです。1992年にリチャード・ボーチャーズは、このように予想されたつながりが本当に存在することを、双方が超弦理論とつながっていることを示すことで証明しました。驚くべき発見でした。最終的に彼はこの業績でフィールズ賞を受賞しましたが、その後のインタビューで、賞の受賞は問題解決ほど心躍るものではなかったと言っています。彼は自分の気持ちを次のように表現しています。「ムーンシャイン予想を証明したとき、月をも飛び超えるほどの舞い上がり様でした。よい結果が得られると、数日間は本当に幸せな気持ちで過ごせます。ある種の薬物を摂取するときに感じる気分とは、このことかと思うこともあります。この仮説を検証したことはないので、実際には分かりませんが。」[11]

超越的な数学の美は突如として現れるものではありません。程度の差こそあれ、感覚的な美、驚くべき美、洞察に富む美から派生します。私たちが超越的な美を感じるのは、壮麗な建築空間の持つ感覚的な幾何学の美が、心の奥深くを打つときかもしれません。あるいは、単純なアイデアが、多数の異なる形式をとり、複数の数学分野にまたがって現れるのを見たときかもしれません。あるいは、ある種のエレガントな証明が、他の多くの状況に一般化できることを掴んだときかもしれません。

超越的な美を発見すると、自分の理解を超えた何かが存在して、発見されるのを待っており、究極の意味を持つかもしれないという感覚が湧き上がります。C・S・ルイスは美の荘厳な経験を、「わたしたちが見出すことのなかった花の香りであり、耳にすることのなかった楽の音の谺であり、一度も訪れたことなどない国からのたよりなのです」と語っています[12]。同じように数学者も超越性を感じることができます。同じ美しいアイデアが至るところに出現するのを見ると、まだ掴んだことのない、深い真実があるのではないかと考え始めます。海、文化、時間を隔てた他人と、全く同じ数学的な考えを自分が持っていることに気づくと、普遍的で永続的な実在が

チェス盤の問題

これは考えるのが楽しい古典的な問題で、多くの人がこの解答をとてもエレガントと捉えています。

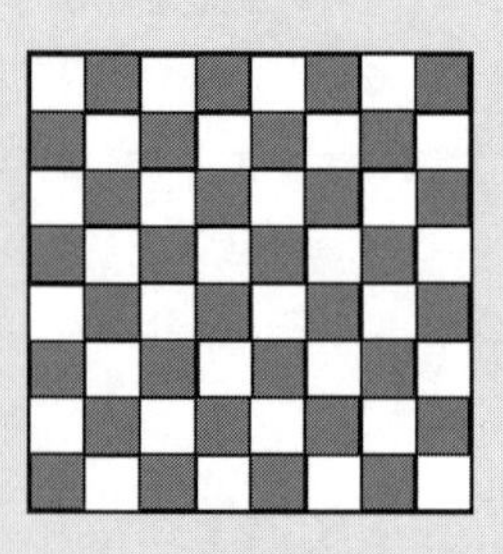

8×8の正方格子からなるチェス盤を考えてください。あなたは1×2のドミノ牌の組をたくさん持っているとします。このドミノ牌の組で、チェス盤の隣接した2つの格子を覆うことができます。このことを、ドミノ牌で「タイルを張る」と呼びます。なぜなら、チェス盤全体をドミノ牌で覆うことができるからです。ただし、ドミノ牌は重ならず、チェス盤からはみ出すことはありません。

チェス盤の対角線上で反対側にある、2つの隅の格子を取り除くことにしましょう。（これら2つの隅を除いた）チェス盤を、ドミノ牌でタイル張りできますか？　もしできるなら、タイル張りを示してください。もしできないなら、タイル張りが不可能であることを示してください。

クリストファーは次の手紙（pp.94-96）でこの問題を解きます。解を見たくないなら、手紙の最初の段落を読み飛ばしてください。でもあなたが探究できるさらなる問題が以下にあります。

- 2つの格子が除かれた、他のチェス盤を考えます。どのようなチェス盤ならドミノ牌でタイル張りできるでしょう？
- 7×7のチェス盤の各格子にナイトを置きます。それぞれのナイトを同時に合法的に動かすことは可能でしょうか？（ナイトにとって合法手は、ある方向に2格子動き、それ以外の方向に１格子動くことです。）

- ７種類のテトロミノ（同じ大きさの４個の正方形を辺に沿ってつなげてできる、７通りの図形）を使って、４×７のチェス盤を同時にタイル張りできますか？
- 512個の小さな立方体からなる、８×８×８の立方体を考えます。反対側に位置する２つの隅から立方体を除きます。残りを１×１×３のブロックでタイル張りできますか？

あり、二人が何らかの形でそこに接近していると考え始めます。私たちを呼んでいる囁き声があるのですが、その源が何かまだ分かっていないのです。

●数学の美から何が得られる？

どのような美を追求しても、**内省、喜びの感謝、超越的な畏敬の念**といった美徳が私たちの中には育まれます。シエラネバダ山脈を縦走する５日間のハイキングに行ったとき、私は原生自然の美しさを体験する機会と時間に恵まれました。７月中旬の氷で覆われた牧草地をバリバリと進み、煌めく壮観を目の当たりにし、誰も歩いたことのないところを歩いているかもしれないという事実を内省すると、ある種の感謝と畏敬の念を抱きました。数学の美を探究することは、これらの美徳を培う唯一の方法を与えてくれる一方で、数学の探究者たちには、数学を研究する動機付けを与えます。シエラネバダ山脈のハイキングと同じように、数学の美を追究すると、まだ人の目に触れていない素晴らしい空間に誘われ、全く新しい方法で深淵なアイデアを経験することが許されます。美について内省する時間をとると、数学を学び、新しい情報を処理する備えができます。デジタルの時代にあって、絶えずメールなどの通知を受け取り、それ以外のことでも散漫になりがちな私たちには、内省する空間がこれまで以上に必要になっています。

超越的な数学の美を享受することで、私たちは**一般化の習慣**を養うことができます。これは、予期せぬところに包括的なパターンを探す習慣です。新しい定理について学ぶとき、私はしばしば問いかけます。何がこの定理に力を与えているのでしょう？　どうすれば、より一般的な状況に応用できるでしょう？　このような習慣は私の人生の他の領域にも持ち込まれています。例えば、新しいレシピから炒め物を作っているとき、私はよく問います。どのような一般原理をこのレシピは私に教えてくれるのでしょう？「ニンニクと刻んだ玉葱を最初に加えます。最後にバジルを入れます。こうしないとバジルの色が損なわれます。」　このように料理の一般原理を探す習慣を身につけることで、楽しみの一品を新たに即興で作ることができるようになります。

●数学の美が学びの原動力になる

数学が豊かな人生のためにあるなら、その美しさを理解することで私たちはみな恩恵を得ます。でも、美にはさまざまな概念があり、美を通して数学を学ぶにも、さまざまな動機付け（美術、音楽、パターン、文化工芸品、厳密な議論、単純だが奥深いエレガントなアイデア、さまざまな実問題への応用可能性など）があります。

他者が美を数学に結びつける手助けをするには、彼らが人生で何を美しいと思うかについて、正しく理解しなければなりません。それは、感覚的な美、驚くべき美、あるいは洞察に富む美でしょうか？　他者の物語に耳を傾ければ、彼らの持つ美の概念を、数学を経験する方法に結びつけることができるでしょう。

残念なことに、数学は、このような美を抑えるような形で教えられます。本質的な意味を考えることなく、数学を意味のない規則の集まりとして学んだり、解明する楽しさを欠いた繰り返し問題に延々と取り組むことで、学習意欲は間違いなく削がれてしまいます。大手新聞の最近の論説には、人々に、「子どもには数学の勉強をさせなさい。後になってきっと感謝されるから」[13]と書かれています。論説には、「今」感謝されるにはどのように数学を教えればよいか、という問いかけがありせん。予期せぬほどエレガントな答えを持つ問題を与えれば、数学の美は、彼女をやる気にさせ、退屈な練習が、刺激的な探究に変わります。美とその美徳を味わったことのある人は、何度もそれを味わいたくて、練習が好きになります。

興奮するような美を経験すると、私たちはさらなる美を強く望むようになります。数学の美で養われるあらゆる美徳のうち、一番重要なのは、**美に向かう気質**でしょう。ある作家の面白い本を読むと、同じ作家の他の本を読みたくなるようなものです。新しい単語を学ぶと、その単語をもっと使いたくなるようなものです。運動中に喜びを感じると、毎日運動したくなるようなものです。

数学の美に向かう気質は、数学を持続する原動力です。どんなに問題が難しくても、あなたは戻って来続けるでしょう。なぜなら、新しい数学的な挑戦はみな、美を再び拝む希望をもたらしてくれることを知っているからです。

こんにちは、スー教授。先週よりもよい週を過ごされていることを願います。

パズルの答えが分かりました。変更されたチェス盤をタイル張りするのは不可能だというのが答えだと思います。次のような理由です。何らかの方法でチェス盤全体をタイル張りするには、ドミノ牌の各組は白の格子と黒の格子を覆わなければなりません。対角線上の反対隅にある格子はいずれも同じ色をしています。従って、黒か白の格子が、2つ余ることになります。対角線上にはすべて同じ色の格子があるため、ドミノ牌で覆うことはできません。30個の（黒か白の）格子を32個の（白か黒の）格子で覆うことになり、2個（の白か黒の格子）は覆われないことになります。これで十分だと思います。不可能という答えは嫌いです。自分が降参している（諦めている）ように感じるからです。

あなたが線形代数は早く勉強するべきだと言うので、次はこの科目を勉強することにします。非線形方程式の現実性について記述した本の抜粋を読んだことを覚えています。そこではアインシュタインの仕事について言及されていました。もう１つ覚えているのは、ギリシャ人たちが、ユークリッド幾何学が、現実を描写するには必ずしも正確ではないことを知っていたことです。読み進めて、次は、線形代数の本に取り掛かるようにします。３冊あり、そのうちの１冊は505ページからなり、2400問の証明問題付きですが、やるつもりです。

位相幾何学はやや抽象的ですが、とても興味深い科目です。ちょうどいま勉強している本は、導入書（点集合、序文で彼は一般位相幾何学とも呼びました）らしく、変形にまではあまり立ち入りません。これまでに読んだ主題は、位相空間、分離公理、コンパクト化、一意化です。いま私は「連続性」という題の章を学んでいます…

よい証明を書いたとき、どうしてそれが分かりますか？　あと、厳密な微分積分の本に戻って、なぜ R^3 空間上の立方体が正規域なのかを説明する証明を書きました。以前よりもはるかによい証明が書けたと思います。なぜなら、位相幾何学の証明をしたからです。ある主題で証明する方が、別の主題で証明するよりも簡単だと思いますか？　今のところ、私が興味を持っている数学の分野は解析学、数論、計算理論です。計算について触れている本を数冊と、解析の本を１冊持っています。まだ数論の教科書はありませんが、これまで読んだところでは、間違いなく面白そうです。

2018年２月２日

クリス

第6章 永続性

簡単な思考を行うたび、なにか永遠で、
実体のあるものが私たちの魂に入り込む。
ベルンハルト・リーマン

そのときまで私には全く見えていなかった
世界へのアクセスが認められたかのように感じた。
数学が、私たちを取り囲む世界に巧妙に織り込まれていることに
心を奪われた（今でもそう感じている）。
タイ－ダナエ・ブラッドリー

●思い出の詰まったシャツ

私の衣装ダンスには古いフランネルのシャツが入っています。その緑豊かな色合いを見ると、大好きな森にハイキングに行ったことを思い出します。使い勝手のよいシャツだったので、掴み出して着る機会がたくさんありました。山登り、友人との集まり、寮の仲間たちと人生の意味を語り合う深夜のおしゃべりでも着ていました。その暖かいウール繊維は、安心毛布のようなもので、私にとって安らぎでした。今やほころびが出て、寿命がきていますが、シャツに関わる思い出が多すぎて、断固として捨てられません。頑丈でぼろぼろな様相で、私に昔話を語りかけてきます。私たちはみな、生活

に欠かせない、頼りになるものを持ちたいと思うものです。苦楽を共にしたあのシャツを私は捨てることはないでしょう。

私が信頼するフランネルのシャツは、永続性を表しています。

●数学はずっと変わらない？

永続性は、人間だれもが持つ欲望です。私たちは、美と愛が**永遠**に続くことを望みます。私たちは、**不老不死**を求めたり、少なくともできるだけ死を先延ばししようとします。私たちは、**耐久性**を美徳として賞讃しませんか？　**永遠**の愛を誓いませんか？　永続的な**遺産**を残したり、**足跡**を残して、それが（自分自身ではなくても）永続することを期待しませんか？　子どもを持ちたいという欲望はある意味で、永続性の切望です。

永続性は数学的な望みでもあります。数学の探究者たちが、変わらないものにどれだけ注意を払うか考えてください。

私たちは「定数」に憧れます。定数という語は、黄金比や e, π など、固定された重要な数を表すのにしばしば用いられます。π が大衆の興味をかき立てる理由の１つは、それが円の幾何構造だけでなく、様々なところに現れるからです。二乗の逆数の和

$$\left(\frac{1}{1}\right)^2+\left(\frac{1}{2}\right)^2+\left(\frac{1}{3}\right)^2+\cdots=\frac{\pi^2}{6}$$

やベル曲線の下の面積の公式、ハイゼンベルグの不確定性原理など、全く予期できない例もあります。そのため、π という数には、宇宙的なものを感じます。不思議であり、永遠であり、どの時点でも、宇宙のどの片隅にいっても重要な定数であることは間違いありません。その桁を記憶したり、その中にパターンを探すことによって、謎めいた性質を掴もうとする人たちがいるのも驚きではありません。

私たちは「不変量」も追求します。数学で不変であるとは、演算

を施しても変わらないものを指します。例えば、ある数に5を掛けても、それが偶数か奇数かは変わりません。3次元の幾何図形を回転させても、その体積は変わりません。不変量は、演算そのものに関する知見を与えてくれます。例えば、回転で変わらないものによって、回転について知ることができます。回転軸は、回転しても固定されることから、回転の重要な特徴だということが分かります。ルービックキューブを解くときの鍵は、キューブを回すときに何が動かないかに注意を払うことです。物理系の数学モデルで、保存則は、系が時間発展しても変動しない不変な量に焦点を当てます。例えば、2台の車が衝突しても、運動量の総和は不変です。不変量は、いつも頼りになります。

不変量を使うと、あることが不可能ということが分かります。例えば、前の章で、「反対側の両隅に置かれた1組の格子を取り除いたチェス盤を、ドミノ牌でタイル張りできますか?」というパズルを出しました(pp.90–91)。この古典的な問題は、不変量、すなわち、ドミノ牌を置いても変わらないものを探すことで簡単になります(注意:答えを知りたくなければ次の段落まで飛んでください)。ドミノは常に黒の格子と白の格子を覆うので、どれだけ多くのドミノを置いても、覆われる黒の格子の数は白の格子の数と等しいことになります。この等価性は不変量であり、次のような洞察を与えます。同じ色をした格子(例えば、反対の両隅にある格子)の**任意の**組をチェス盤から取り除くと、白と黒の格子の数は等しくなくなります。したがって、このようなチェス盤を完全に覆うことはできないでしょう。

永続性への興味は、他の数学概念を表す名前にも、多く反映されています。例えば、**安定集合**、**収束**、**平衡点**、**極限**、**固定点**などです。

数学のアイデアそのものにも永続性がありますが、それが数学の魅力であり、美しさでもあります。物理科学の言う自然法則は、通常、数多くの事例に対して正しいと経験的に観測されている事実を指します[1]。これらは、新しい知見によって覆されることがあります。でも、数学が扱うのは「定理」です。ある定理が証明によって確立されると、それは常に正しいですし、宇宙の至る所で正しいことになります。

この種の永続性は数学に固有のものです。1921年にデビッド・ユージン・スミスは、アメリカ数学協会の会長演説で、数学の規則の不死性について話しました。

> メディアとペルシャの法律は、変わらないものと考えられていましたが、全部消えてしまいました。数千年にわたってエジプト人の活動を束ねた法律は、古代の記録としてのみ存在し、私たちの古代博物館に保存されています。一時期、法的な世界を支配したローマの法律は、現代の法体系にとって代わられました。私たちが今作る法律も、近い未来には間違いなく変わります。でも、これらのものが変わりゆく最中にも、過去においても正しく、今日も正しく、地球の未来すべてにわたって正しく、宇宙の隅々まで平等に正しく、フラットランド[i]の代数でも、私たちの住む空間の代数でも正しいものがあります。それが$(a+b)^2=a^2+2ab+b^2$です。
>
> 私が子どものころ化学で習ったことは、当時は正しいと思われていましたが、そのほとんどは誤りであることが、今日分かっています。私が分子物理について習ったことは、今では、子どものためのおとぎ話のように見えます。面白いですが、稚拙

〔訳注ｉ〕 イギリスの教育者エドウィン・アボットの小説『フラットランド（原題：*Flatland*)』（エドウィン・アボット・アボット著、イアン・スチュアート注釈、冨永星訳『フラットランド――多次元の冒険』日経BP社、2009年）の舞台となる平面世界。

です。私たちが歴史で習うことはある程度は正しいでしょうが、多くの点に間違いがあることは確かです。ですので、私たちがどれだけ広範に調べても、法の不死性を表す有形の象徴はどこにも見当たらないでしょう。数学だけに真実があります。「昨日も、今日も、そしてこれからも永遠に。」[2]

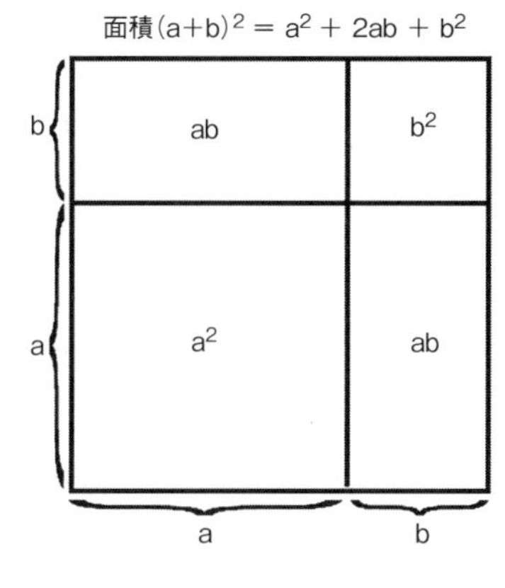

図6-1　言葉のない証明（仮）

これはスミスの演説にはありませんでしたが、$(a+b)^2=a^2+2ab+b^2$であることの「言葉のない証明」を紹介する誘惑に抗えませんでした。

●私たちはなぜ永続性に惹かれる？

なぜ私たちは永続性を追求するのでしょう？

私たちが永続性を追求するのは、それが安全な避難所だからです。私がフランネルのシャツを愛用するのは、それに親しみがあって安心するからです。結婚したときもそうでしたが、私が約束をするのは、約束を守るのが簡単だからではなく、約束を守るのが大変だからです。約束すれば、私の伴侶は頼りにできる安全を手に入れることができ、私も彼女が安心していることが分かります。山あり谷ありの人生で、永続性は安らぎを与えてくれます。

数学の永続性も避難所になりえます。時代を超越したパズルに喜びを見出して、夢中になり、悩みも忘れてしまいます。創造的な問題解決に没入することは、私たちの精神を向上させ、別の世界を与えてくれます。数学の普及につとめたモーリス・クラインは、著書『*Mathematics for the Nonmathematician*（数学者でない人のための数学）』の中で、この種の休息と安楽を表現しています。

数学の問題に興味をそそられ、追究せずにいられなくなることは、精神を没入させ、終わりなき挑戦の最中に心の平穏をもたらし、活動に休息を与え、争いのない戦いに導き、目まぐるしく変わる出来事に麻痺した感覚に永遠の山々が示す美を与えてくれる[3]。

1941年の真珠湾攻撃の後、アメリカに住む12万人の日系アメリカ人は、家や持ち物を強制的に剥ぎ取られ、捕虜収容所に移送されました。荒涼とした施設で、木材と金属の廃材を、家具に代用する生活に適応しなければなりませんでした。彫刻し、塗装し、デザインし、美術工芸品を創ることが、我慢を実践する手段となりました。我慢とは、「尊厳と忍耐を持って、耐え難きを忍ぶ」という意味の日本語です。

「我慢の美術（原題：The Art of Gaman）」と題した展示会では、これらの収容所で、一般民が作り出した驚くべき作品の数々が紹介されています[4]。工芸品の中には、松本亀太郎が子どもたちに作った、手塗りの木製のスライドブロックがあります。この幾何学的パズルの目標は、ブロックをずらして、若い女性（大きな正方形のタイル）が、両親と両親に雇われた人たち（ドミノタイル）から逃れて、長方形の外に出て（下の中央部）、４人の熱烈な求婚者（小さな正方形のタイル）と隣合わせになることです（図６－２）。1930年代に流行ったものの変形版で、「箱入り娘」（日本）、「赤いロバ」（フランス）、「華容道」（中国）としても知られています。それぞれの変形版には、別の登場人物が出てきます。最小の移動数は81ステップであることが知られています[5]。

パズルを作ることと、それを解くことは、数学的に考えることを避難所として、我慢する手段となっていたのです。これは、どれだけ困難な状況に置かれても、豊かな生活を送る人々の実像を表して

初期配置

最終配置

図6-2　松本亀太郎のスライドブロック

写真提供：Shinya Ichikawa
パズル提供：Jean Matsumoto & Alice Ando

います。

永続性を追求する第二の理由として、人生を通して自分の進歩を測る尺度になることが挙げられます。私のフランネルのシャツは、今やほころびや小さな染み、裂け目があり、これらは、特定の出来事や思い出を物語っています。以前のシャツと同じではありません。私も以前と同じ人間ではありません。20代のころはゆったりしたシャツでしたが、今ではきつい箇所もあります。シャツを手に取るたび、その見方は変わります。着心地も変わります。着るたびに、新しい意味を帯びます。なぜなら、人生を通した自分の進歩を、このシャツに刻むことができるからです。

同様に、定理の真実は永遠で変わらないのに対して、定理に向き合うたびに、私の見方は変わります。最初はこの真実を掴もうと奮闘しますが、怒った熊のように手がつけられません。次に私が戻ってくるときには、理解するスリルを経験するかもしれません。飼い慣らされたライオンのように感じます。そして数年後に私が戻ってくると、人懐こい犬がいて、近所の他のペット（つまり、私が知っている他の真実）と仲良くしています。定理は、常に存在する尺度として、自分の進歩を測るものであり、過去の奮闘と勝利を思い出させてくれます。子どものころは理解が難しいと思った数学的なアイデアが、今やあなたにとって第二の天性となり、精通したと感じるかもしれません。数学の探究者にとって、それぞれの定理は、自分の能力を伸ばした過去の冒険を懐かしむ贈り物なのです。

永続性を追求する第三の理由は、それが私たちの頼れる足場になるからです。岩壁を登るとき私は、自分の足をどこに置けばよいか分かっていなければなりません。もちろん、砂のような割れ目は探しません。動かない岩を探します。同じように私は、慣れない場所を訪れると、目印を探し、その変わらない特徴を頼りに場所を移動します。数世紀にわたって人類が、大空の固定された位置にある星を目印に航海していたのと同じです。衣装ダンスの中で、フランネルのＴシャツは私にとって信頼のおける定番の服であり、この服を目印にして、残りの衣装を配置できるのです。

数学では、他の言明の証明を試みるとき、公理、定義、定理がしばしば足場の役目を果たします。ギリシャの数学者ユークリッドは、『原論』（紀元前３世紀ごろに書かれた数学書）の著者として有名です。この中で彼は、自明と考えられる公理から、結果を論理的に導くことによって、幾何学を体系化しました。しかしユークリッドの公理は、幾何学を体系化する唯一の方法ではありません。数学者のダフィット・ヒルベルトは、1899年に別の公理系を選びました。岩崖を登るにはたくさんの方法があります。ユークリッドとヒルベルトは、開始地点として別の足場を選んだのです。公理系は他の数学分野でも開発されてきました。数学の探究者たちが、日々の研究で

靴ひも時計

1本の靴ひもと、数本のマッチ、ハサミ1挺が与えられます。靴ひものどちらか一端に火がつくとヒューズのように燃え、燃焼にはちょうど60分かかります。燃焼率は、靴ひもに沿った点ごとに違いますが、対称性があります。左端から距離 x にある点の燃焼率は、右端から同じ距離 x にある点の燃焼率と同じです。

① あなたが測れる最短の時間間隔を求めてください（例えば、靴ひものそれぞれの端に火をつけて、2つの炎が出会うまで待てば30分が測れます）。
② このような靴ひもが2本ある場合に、あなたが測れる最短の時間間隔を求めてください。ただし、2本の靴ひもは同じとします。

このパズルは、リチャード・ヘスの論文“Problem Department”（クレートン・W・ドッジ編集の雑誌『*Pi Mu Epsilon Journal*（Springer 1999）』の10巻10号836ページに収録）で提案されました。ヘスは、オリジナルのアイデアがカール・モリスによるものと記しています。

そのような公理を用いることは稀です。なぜなら、私たちはすでに崖を登り切っており、岩から岩へと移動しているからです。それでも、地面から私たちをここまで押し上げた経路を辿る方法を知っているのは、安心感につながります。

新しい数学の理論は、探究を開始するにあたり、初期の前提あるいは定義で始まることが多くあります。1905年に最初に出版された、アインシュタインの特殊相対性理論は、2つの前提から始まっています。1つは物理法則で、もう1つは、加速していないすべての観測者にとって、光の速さは同じという前提です。これらの不変な仮定に基づいてアインシュタインは、長さ、質量、時間は、その座標系に依存すると推論しました。とても奇妙な数学的結論ですが、それ以来、実験的に正しいことが確認されています。

公理が、地面近くの足場のようなものである一方で、定理は、崖をはるかに上がった足場のようなものです。特に有用なのは、複数の方向に上がれるか、休んで景観を楽しむことができる長い岩棚です。定理は、主要な発見を要約し、応用を構築するための基礎を与えます。例えば、「中心極限定理」は確率論の結果で、次のような驚くべき現象を説明できます。「ある母集団から十分にたくさんのサンプルを無作為に抽出して、その集団におけるある量を測ると(例えば、薬の効果があると思った人の割合など)、その量のサンプル平均はベル曲線型の分布に従います。この分布は、その量の未知の母集団の分布には依存しません。」 中心極限定理は、基礎理論としてさまざまな統計に応用されており、母平均の信頼区間を計算する際や、検定テストの結果が十分に強いかを決めて、(例えば、ある薬がプラシーボ[ii]よりも効果的かどうか) 結論を下す際にも用いられています。

●何を信用したらよいのでしょう?

そのようなわけで、私たちが永続性を追い求めるのは、それが避難所であり、尺度であり、足場だからです。ただしそれでも、なぜ永続性が、人間の切望にそれほど深く埋め込まれているのかについて、完全には捉えきれません。

すべての人間の切望には、その核に、究極の問いが含まれていま

〔訳注ii〕 本物の薬と外見では見分けがつかない偽物の薬。

す。あなたが愛し愛されたいと望むなら、「自分は愛すべき存在か？」という疑問と格闘しなければなりません。あなたに美への欲望があれば、「美しいものの何がよいのか？」を問わなければなりません。あなたに遊びへの欲望があれば、あなたの魂は、「人生には仕事より大事なものがある」という深層の考えを発露しています。そして、永続性の切望には、その核に、満たされていない欲求があります。

誰を、何を、私は信用してよいですか？

信用は、永続性への欲望の中心にあります。もし私が避難所を求めるなら、自分が安全だと信用できる隠れ場所が必要だからです。私が尺度を探すなら、それが変わらないと信用できるからです。私が足場に足を踏み入れるなら、それが自分を支えられることを信用していなければなりません。

これを書いている間も、信用の危機で、アメリカは深く分断されています。人々は次のように尋ねます。「自分と全く異なる世界観を持つ人を信用していい？」「政治指導者たちを信用していい？」「メディアを信用していい？」どのニュースがフェイクで、どのニュースが本物かを判断できず、移り行く影の中で、努力することもあきらめてしまった家族もいます。人々が何を知り得るのかについて確固たる基盤がないため、派閥論争によって知的な安全性の失われた社会になっています。ジョージ・オーウェルは、ディストピアの文学『1984（原題：*Nineteen Eighty-Four*）』において、全体主義の政府（党）が、プロパガンダと欺瞞を通して人々を操る世界を描きました。

最後には、党が二足す二は五であると宣言し、それを信じなくてはいけなくなる。遅かれ早かれそんな主張がなされるのは、避けられないことであった。党という立場が持つ必然性が、それを求めるのだ。経験の正当性のみならず、外に広がる現実の存在そのものまで、党の哲学によって暗黙のうちに否定される。異端の中の異端は、正義なのだ。そして恐ろしいのは、党と逆の考えを持つために殺されることではなく、彼らのほうが正しいかもしれないことだった[6]。

数学の永続性によって私たちは、数学の推論が、揺らぐことのない確固たる根拠を与えるものと信用できます。**推論に対する信用**は、数学の永続性を認めることによって育まれる美徳です。昨日有効だった議論は、今日も有効なのです。ここから、深い研究と推論を通して、揺るぎのない真実が確立されます。したがってオーウェルが、党が人々に信じさせるものとして、数学的な嘘を選んだのは驚きにあたりません。私たちの知識のほとんどには、人の見解や、不確実性、誤り、不完全な情報が含まれます。したがって、私たちの知識は改訂される可能性があります。でも、数学の真実がひっくり返されることはありません。その解釈は変わるかもしれませんし、重要でなくなるかもしれませんが、その真実は同じままです。昨日も、今日も、そしてこれからも永遠に。オーウェルにとって、想像しうる最も恐ろしい不合理は、数学的な真実、すなわち、外的現実の存在そのものがもはや永続的ではなくなり、私たちが足場、尺度、そして避難所を失うことなのです。

私は数学を避難所と思うでしょうか？　数学の勉強を続けることで、数学は私を修練してくれます。粘り強さ、忍耐力、謙虚さ、答えを見つける論理への自信、論理を構築するために必須なこと、数学に真剣になる以前に私が持っていて、信じていたこと。でも続けるうちに、これらの質が、数学に取り組むことによって、目に見えるほど強化されていることに気づきます。数学に真剣に向き合って以来、刑務所にいるすべての時間で、数学は、私にとって避難所でした。

『*God Created the Integers*（神が整数を創造した）』[a]を開いて読み、すべての整数は4個の平方数の和であるというオイラーの定理を理解したとき、あるいはフーリエの『熱の解析的理論（原題：*Analytical Theory of Heat*）』〔訳注：フーリエ著、西村重人訳、高瀬正仁監訳『熱の解析的理論』朝倉書店、2020年〕を勉強して理解したとき、私が格闘していたアイデアは、人類の理解の頂点に向かっていた、あるいは今も向かっていて、不変なものだということが分かりました。この宇宙が存在する限り、2 + 2は常に4であり、三角形の内角の和は常に…いったん答えを見つけ出せば、それが何であれ。何か大きく、強力で、深いものに近づいていると私に感じさせます。近づいているのは、…真実かもしれません。

2018年9月9日

クリス

a) *God Created the Integers* (Philadelphia, Running Press, 2005) はスティーヴン・ホーキングの本で、数学の歴史上で重要な論文から抜粋されたものが集録されています。クリスお気に入りの数学書の1つです。

第7章 真実

真理とは何か？
ピラト

真理は今の時代には漠然としており、虚偽は確立しているので、
人は真理を愛さないかぎり、それを知ることはできないであろう。
ブレーズ・パスカル

●私が養子？

「君は養子だって先生が言っていたよ。君が養子だったなんて知らなかった。」

私も知りませんでした。友達が教えてくれたときに6年生だった私は、彼が正しいと思いました。小さな村のうわさ話で、人々は、あなた自身も知らないあなたのことを見つけ出します。その時点まで私は、疑いを持っていただけでした。私は自分が、家族に似ているとは少しも思っていませんでした。赤ちゃんのときの写真は家にありませんでした。ときおり不手際もありました。お客さんが「あなた、こんなに大きくなったの！　ご両親が最初にあなたをもらったときのことを憶えているわ」と言い、彼女の顔に「しまった！」という表情が現れたのを今でも覚えています。

友達の宣告には真実の響きがありました。それまで辻褄の合わなかった多くのことが説明できたからです。私はそれを無視して、何事もなかったかのように過ごしました。以前に予感がしたとき、何度もそうしてきたのと同じです。でも、声に出して言われると、私の中にあった否定の幻想が、音をたてて崩れました。

●嘘で塗り固められた世界

真実は人間の持つ基本的な欲望です。たとえそれで不愉快な情報がもたらされるとしても、私たちは真実を知りたいと望みます。その欲望に従って行動しないこともありますが、それは私たちを苦しめます。自分が養子だったことを確認した後、私は、過去について厳しい真実を知ることになっても、自分の生物学的な家族を探したいと思いました。にもかかわらず、その行動を起こすのに私は何年もの間待ちました。真実への欲望に従って行動しない理由はたくさんあります。生活が慌ただしくなったり、手に負えなくなると、私たちは「今は無理」と自分に言い聞かせ、幻想の中で生活することを選びます。が、いつか幻想は崩れます。そのときにあなたは、準備ができていますか？

今の世の中は、政情不安で混乱し、人々は誤った情報に煽られています。真実はぼんやりしたものです。人々は、複雑な真実を受け入れるよりも、自分の世界観に合う、見え透いた嘘を支持します。自身の偏見が反映された、フィルターバブル[i]の中を生きています。このようなバブルの中で、嘘は日常的に、ときには悪意を持って伝えられます。皮肉なことに、武器として嘘を振り回す勢力は、客観的な真実が存在することに疑問を投げかけていた対抗勢力に、知らないうちに支えられています。ピラトの修辞疑問「真理とは何

〔訳注ｉ〕 インターネットの検索サイトに備わるフィルター機能で、自分が見たい情報しか見えなくなること。

か？」は、混乱した大衆の憤りを具現化しています。友人が嘆き悲しんでいるとき、私には同じ絶望の声が聞こえます。「何が起こっているか理解するのは難しすぎるわ。そんなこと、どうでもいいじゃない？」

どうでもいいじゃない？　それでも真実は重要なの？　私たちは盲目的に権威を信用して、何が真実か決めてもらうべきじゃない？それとも、私たち自身で真実を見分けることができる？

真実は人間の豊かさの印です。豊かな社会は、真実を重視するのに対して、圧政的な社会はそれを抑圧します。メディアを規制して、民衆を誘導する全体主義の政権を考えてください。政治理論家のハンナ・アーレントはそのような政権について研究しました。1967年の論文「Truth and Politics（真実と政治）」で、彼女はこう言っています。

> 事実に基づく真実を、一貫して、何から何まで嘘で塗り固めてしまう結果として起こるのは、嘘が真実として受け入れられ、真実が嘘として中傷されることではなく、実世界で自分の居場所を確かめる感覚が（中略）破壊されているのです[1]。

自分の居場所を見失うと、何が真実かあまり気にならなくなります。私たちはもっと簡単に操られるようになります。**どうでもいいじゃない？**

数学的思考を身につければ、何が起こっていて、何を気にするべきかが理解できます。数学の探究者は深い知識と深い探究を大切にします。

●真実って何？

ここまで私は真実という言葉を使ってきましたが、この言葉の意味について私たちは違う考えを持っているかもしれません。私はほとんどの人が考えている意味で捉えています。正しく言うと、現実と合致するものが真実です[2]。この定義では、「現実とは何か？」というような、多くの哲学的疑問をうやむやにしています。でも、真実に関する私の議論で、これ以上のニュアンスは必要ありません。例えば私が、「空は青い」と言えば、簡単に検証が可能な物理世界について述べています。この真実は、主観性を許すもので、観測者にとって何が青を意味するかに依存しますが、それでも私たちは、この言明が現実に即していると感じます。必要であれば、用語を定義して、放射光の波長を測ることもできます。「私は養子に出された」と言えば、それは歴史に関する言明です。物理的な真実と同じように検証することはできませんが、重要な証拠を集めてその真相を示すことができます。今の私には、その証拠を知る手段がいくつかあります。いずれにせよ、私が養子に出されたか、あるいは出されなかったかに関しては、歴史的な事実があります。私が何を信じようが、その事実が真実を確立するのです。

私は、真実を理解することの複雑さや、世界を解釈するのに主観的な見方が存在することを否定しているのではありません。それが何であれ、私たちは複雑さを受け入れなければならないと主張しているのです。生物学的な家族と連絡を取ったとき私は、「なぜ私は養子に出されたの？」という不愉快な疑問を解決しなければなりませんでした。たくさんの人に尋ねました。「あなたの生物学的なお母さんがあなたを養子に出したのは…」と人が言うたびに、私は複数の視点からその答えに向き合わなければなりませんでした。彼らの視点（なぜ彼らはそう言っているのか？）、私の視点（このことを私はどう感じたか？）、そして私の生物学的な母の視点（彼女は何て言うでしょう？）。人々の答えは複雑で主観的な解釈に左右されます。それでもまとめると、これらの答えは、全体の真実に関して新たな描像を私に作り出してくれました。自分の見出すものが何であれ、その複雑性を進んで受け入れなければ、私には得られなかったであろう真実です。

●深い知識が真実を掴む

数学の探究者にとって、真実に対する**深い知識**は必須です。真実を主張することは、真実を深く理解していることと同じではありません。777×1,144のような計算を探究者がするとき、111,888という答えが得られただけでは、彼女は満足しません。彼女は乗算が何を意味するのか深く理解しているので、答えが妥当か、計算機のボタンをどこかで押し間違えたかが分かります。彼女は、答えの最後の桁（ここでは8）が、掛けられる2つの数の最後の桁の積だけで決まり（7×4＝28)、この場合は一致することを知っています。最初の数字は700以上で、二番目の数字は1,000以上なので、答えは700,000以上であることを知っています。得られた答えはそうではないので、彼女は間違いがあったことを知ります。深く理解するということは、答えが妥当かどうかを判断できることを意味します。数学の探究者である、あなたも私も、他の人と同じように数学でミスをします。でもそのミスを取り戻す可能性が高いのです[3]。真実の主張（この場合は不備のある計算）は、真実の深い理解（これがあれば、答えを複数通りの方法で確認することができます）と同じではありません。

同様に、数学的知識の高いレベルでは、主張が真実かどうかは、より深い方法で探られます。数学者のジャン・カルロ・ロタは次のように書いています。

> どの数学教師にとっても重要なのは、専門用語でいうところの、定理の「真実」が何かを教えることです。ここでいう真実とは、物理法則の真実のように、定理の主張が世の中の事実と一致す

るかに関わるものです。数学を教えるにあたり、生徒が要求し、教師が提供する真実は、そのような事実に基づくこの世の真実であり、定理を証明するゲームを連想させるような形式的な真実ではありません。よい数学教師は、生徒に先んじて、そのような事実に基づくこの世の真実を明らかにする方法を知っている一方で、同時に…その真実を慎重に記録するスキルを生徒に身につけさせる人です[4]。

最初に定理の真実を把握しなければ、あなたは定理を証明するゲームで迷うことになるでしょう。私も自分の理解できない問題を解こうとしているとき、論理的に順を追って次々に進めても、誤りのある主張に終わることが多々ありました。どこかで間違えたのですが、なぜか分からないのです。これは、自分が何を証明しようとしているか、真実が本当には分かっていないためです。このような混乱を何度か経験してから、私は、物事を深く理解したいと思うようになりました。数学の探究者は浅い知識には満足しません。

●いろいろな角度から調べて見えてくる真実

数学の探究者にとって、**真実を深く調べる**のは習慣です。真実を本当に知るということは、それをさまざまな異なるレベルから調べる、つまり、真実の全貌を複数の視点から眺めるということです。探究者たちは、真実を知るために複数の方法を模索して、自分の結果を検証するだけでなく、それらが互いにどのように整合しているかを深く理解します。例えば、たくさんの例題を解いて、何が起こっているか直感を得ます。あるいは、科学者がするように、実験して、予想を証明するか、反証する証拠を集めます。あるいは、定理を複数通りの方法で証明します。これは、「話の辻褄が合うか？」を問いながら、真実の意味を構築し、する真実を理解する作業の一部です。具体例として、次のような線形代数の問題を考えましょう。

$$x+2y+z=8$$
$$3x-y+5z=16$$

この方程式を両方同時に満たす答えを問うとき、あなたは2つの式を共に満足する x,y,z の値を探していることになります。例えば、$x=1, y=2, z=3$ はよいでしょう。でも、これ以外にもたくさん、たくさん解があり、それらは永遠に無制限に続きます。数学では、解の集合が無限個あるといいます。ガウスの消去法と呼ばれる技法を習うと、2つの式が無限個の解を持つことが証明できます。

でも数学の探究者は、この真実を理解する他の方法を、さらに模索するでしょう。2つの式を1つの式に書き換えるかもしれません。

$$x(1,3)+y(2,-1)+z(1,5)=(8,16)$$

こうすると幾何学の問題になります。2次元空間において、宇宙船が原点 $(0,0)$ に置かれており、3機の小型ロケットエンジンが $(1,3)$, $(2,-1)$, $(1,5)$ の方向に宇宙船を押し出せるとします。どのように組み合わせれば $(8,16)$ の点に到達できますか？　このような観点で考えると、2次元空間で移動するには、3機のエンジンのうちの任意の2機があれば十分であることから、数学の探究者たちは複数の解が存在することを理解します。その解が無限個あるということはそれほど明らかではないですが。

次に彼女は、問題の考え方を変えて、このような線形の方程式は、それぞれが3次元空間上の平面を解に持つことを思い出します。2つの平面の交わりは、両方の式を満たす解の集合になります。でも、2つの平面が交わるとき、その交わりは直線にならなければならないので、直線上には確かに無限個の解が存在することになります（図7-1）。このように彼女は、この真実を複数の方法で確かめた

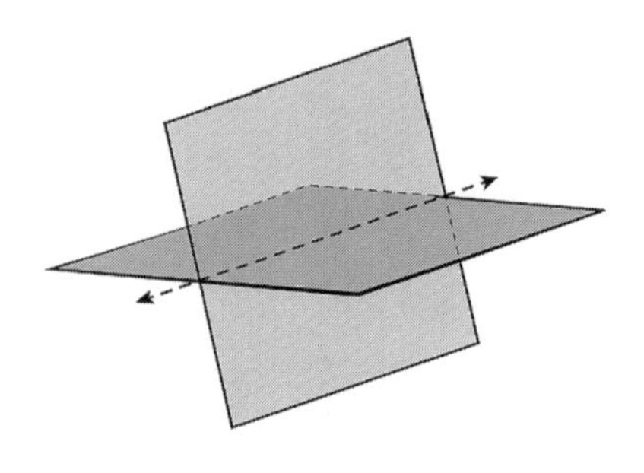

図7-1　2つの交わる平面

のです。深い研究と深い理解は密接に関わり合っています。

深く研究することは数学の探究者の習慣なので、現実に深く根差した真実を受け入れ、遠い想像の世界に拡張し、新しい現実を思い描くことになります。これらの現実は観念的なもので、純粋に知的な概念として、理想的な形で存在するものかもしれません。でも、このように思い描かれた現実が、最終的には、私たちの見たことのなかった物理世界の側面を表していることがあるのです。これが、数学の持つ**説明のつかない力**です。19世紀半ばに発展した線形代数の考えが、20世紀に入って、量子力学に華々しく応用されたり、グーグルなどの検索エンジンの数理に使われるなど、誰が想像できたでしょう？　ノーベル賞受賞物理学者のユージン・ウィグナーは、自然科学を説明することにおける「数学の理不尽なまでの有効性」について次のように語っています。「物理法則を定式化するのに、数学という言語が適切であること。この奇跡は、私たちの理解を超え、私たちには分不相応な、素晴らしい贈り物である。」[5]

数学者のゲオルク・カントール（1845-1918）は無限集合の性質を探究したことで有名です。普通の人なら、無限集合であれば、すべて同じ大きさに見える（そのような集合は無限に続き、それ以上言えることはあまりない）と考えるでしょう。でもこの探究者は次のような問いかけをしました。どうすれば無限集合の「大きさ」が理解できるでしょう？　どうすれば無限に続くようなものを数えることができるでしょう？　カントールが気づいたのは、無限の集合を「数える」には、数を用いるのではなく、他の集合を用いればよいということでした。ある集合の各要素に対して、別の集合の要素とペアを組ませ、どちらの集合にもペアになっていない要素が残らないようにします。これがうまくいけば、要素ごとのペアは**一対一対応**と呼ばれ、2つの集合は同じ**濃度**を持つと言います。これが「大きさ」に対する数学者の世界の言葉です。

1874年に出版されたカントールの仕事の驚きは、無限集合は、さまざまな（実際のところ無限に多くの！）大きさを持つということでした。それだけでなく、整数の集合（0, 1, 2, 3,... のような集合）は、0と1の間に存在するすべての実数（実数とは、10進展開で有限桁の数か、必ずしも繰り返されない数が無限桁続くものと考えて下さい）と同じ濃度は持たないことが分かりました。これは大きな驚きで、当初、多くの数学者はカントールの定理を拒絶しました。無限の数に関する、この気狂いじみた真実は、1874年の時点では信じ難く、現実と乖離しているように思われました。でも今日の視点で見ると、これは、計算の限界に関して興味深いことを示唆しています。すべてのコンピュータプログラムを集めても、整数の集合と同じ濃度にしかならないため、これは、10進数の桁を、コンピュータプログラムの出力として、逐次的に生成できない実数が存在することを意味します！　深い研究をする習慣が身についた数学の探究者は、しばしば驚くべき真実に出くわします。

●数学の真実を追い求めて何が身につく？

数学における深い知識の追究と、真実を掘り下げる研究によって、人生の他の分野にも波及する美徳が育まれます。最初の美徳は、重要な真実を**深く知り、深く研究することへの渇望**です。

浅い知識しか持たないために数学で迷う経験を重ねると、あなたは、より深く物事を知りたいと強く望むようになります。過去に行

ヴィックリー・オークション

ゲーム理論には、人々が真実を言うことを奨励する数学があります。ゲーム理論は、意思決定を数学的にモデル化したもので、戦略的な考えを分析するのに役立ち、経済学やコンピュータ科学にさまざまな形で応用されています。この問題は、ゲーム理論から得られた素晴らしい成果です。

あなたは車を売るための入札式オークションを開いています。ルールは以下のとおりです。

① 車を購入するかもしれない客は、入札価格を、封印された封筒に入れて提示します。
② すべての入札価格を集めた後、最高値を提示した客に、彼の入札した価格で車を売ります。

これは、入札式競売を実施する合理的な方法に見えますが、売り手としてのあなたにはリスクがあります。あなたの車には高い価値があるのに対して、買い手たちが、それを認識しているのは自分だけだと考えていれば、彼らは自分の考えている価値よりも安い競売価格を提示するかもしれません。結果として、落札価格は下がり、あなたは損をします。

買い手たちが、競売対象に対して、その真の価値だと考える入札価格をつけるように仕向けるような入札式競売はあるでしょうか？

答えは「ある」です。**ヴィックリー・オークション**と呼ばれます。ルールとして、購入可能性のあるそれぞれの客が入札し、車は最高値を提示した客のものになりますが、落札価格は、**二番目に高かった入札価格**となります。

なぜこれで、人々が正直に入札するように誘導されるか分かりますか？　言い換えると、なぜ真実を伝える方が、真の価値よりも高い、あるいは低い値段をつけるよりもよい戦略になるのでしょう?
　グーグル広告では、検索連動型広告〔訳注:グーグルなどの検索エンジンで、ユーザーが検索したキーワードに連動して表示される広告のこと〕の広告枠を販売する際に、ヴィックリー・オークションを一般化した方式を採用しています。

った深い研究で、驚きや、喜び、新しい発明を経験すると、価値あるものを深く研究したいと思い始めます。
　ですので、数学的に考えると、単に新しいことを見聞するだけでは満足できなくなります。例えば、最近発見された驚くべき重力波をみて、「あー、面白い」と言って、すぐ次の関心事に注意を奪われてしまうのではなく、むしろ思考のスイッチが入ります。重力波の物語を本気で読み始め、発見されたことを、自分がすでに知っている事柄の文脈に置いて考えます。すると、高校で習った幾何学が重力で曲げられることを知ります。光は依然として直線に沿って進みますが、重力は、**直線**の意味を変えてしまうのです!　魅了されたあなたは、もっと知りたくなります。宇宙が、はるか昔の出来事で生じた重力のさざ波で溢れていることを想像し、これらの出来事を数学的に認識する挑戦を始めます。これらの重力波が、宇宙を観測する新しい方法を与える可能性があることを、深く理解するようになります。このような不思議な体験をすることで、世界で起こっていることを見る豊かな視点が得られます。
　数学における深い知識への渇望は、**自分で考える**という美徳を育みます。作家のケネス・バークはかつて、文学は「生活のための備え」だと言いましたが、数学は「思考のための備え」です[6]。自分で考えることができれば、答えが正しいときや、何かが間違っているとき、そのことに気づきます。従属的な生活に身を委ねたり、権威を盲目的に信じることはありません。誰かがあなたを騙そうとしていたら、それに気づくことができる方がよいのです。そして、数学的な推論と意味付けによって、**厳密に考える**美徳が育まれます。これは、アイデアを上手に扱い、それらのアイデアを使って明確な主張を作り上げる能力を指します。このような美徳は、生活のあらゆる側面で役に立ちます。もちろん、自分で考えたり、厳密に考える力を身につけるのに、数学を学ぶことが唯一の方法ではありませんが、最良の方法の１つです。

数学で深い研究を渇望することで、**慎重**になる美徳が育まれます。数学で私たちは、自分の主張が本当に正しいかを検証するため、言明、定義域、限界、仮定といったものを常に吟味します。私たちは自分の議論の限界を知る訓練を受けているので、一般化し過ぎることはありません。数学のモデル化、つまり、実世界の問題を数学的に記述する過程で、私たちはモデルの置く仮定とその限界を明記します。統計学の例で話すと、私たちは、相関は因果と同じでないことに注意します。このような例を見習い、私たちは言葉を慎重に選び、大雑把な一般論を吹聴しないようにすることはできないでしょうか。私はそうあって欲しいと思います。もちろん、私たちには無意識の偏見があり、関連のある方向に流されてしまいますが、数学の訓練を受けた人は、その過程で論理の欠陥を浮き彫りにする方法を身につけています。

数学で深い研究を渇望することで、**知的な謙虚さ**の美徳が心に育まれます。アイザック・ニュートンは言いました。

> 私がこの世界にどのように映っているのかは分からない。でも

自分は、海岸でなめらかな小石を見つけたり、きれいな貝殻を見つけたりして、はしゃいでいる存在に過ぎないように思える。目の前には手も触れられていない真理の大海原が横たわっているというのに[7]。

知れば知るほど、自分のまだ知らないことがどれだけあるかに気づく、ということを彼は言っています。これが謙虚な姿勢です。数学の探究者たちは、未解明の問題の方が面白いので、自分の知らないことに注意を払います。彼らは、予想を立てる習慣がありますが、多くは正しくないため、探究を行う中で、間違いを受け入れる術を身につけます（実際には、間違っていることは称賛されます）。「位相幾何学における反例」や「解析学における反例」といった題目の数学の本を見れば、間違いを探すことが重要であることが分かります。自分の議論に欠陥があったとき、それを認めるのは、私が生徒に身につけて欲しいスキルです。これは**誤りを認める**美徳です。過去に試験で難しい問題を課したとき、部分点を期待して、答えをでっち上げる生徒がいました。今の私は、自分の推論のどこに欠陥があるかを認められる生徒には、加点すると明言します。そうすれば、より思慮深い答案が得られます。

したがって、数学の探究者が重要な真実を追い求めるとき、彼女は深い知識を求め、深く調べ、知的な謙虚さを具現化し、新しい情報に照らして自分の信念を率先して正します。彼女はアイデアを、厳密に誠実に扱い、慎重であることと物事を明確に区別することを重視します。彼女は真実を正確に扱います。

●真実の追求をあきらめない

残念なことに、これらの美徳は、硬直した世界観や**確証バイアス**（自分の中に以前からある信念を支持する情報のみを好む傾向）を克服できるほど強くありません。特に、感情や人格が関係してくると、問題は深刻になります。では、真実が曖昧で、誤りが確立されてしまったとき、どうすれば私たちは真実を大切にできるでしょう？　なぜ私たちは真実を解き明かし、みずから率先して、自分の信念を修正しなければならないのでしょう？

父がガンを患ったとき、私の家族は、一歩引いて他人に問題解決を依頼することができませんでした。私たちは、父の命を救うのに一番可能性のある治療法は何かを知らなければなりませんでした。専門家の意見を求め、関係のありそうなあらゆる情報を綿密にチェックしました。多くの危機に瀕していることに気づいたとき、真実は私たちにとって重要になるのです。

私たちが、重要な真実について深い知識を追求せず、深い調査も行わないとき、危険に晒されるのは何でしょう？

危険に晒されるのは、他人に操作されたり、利用されたりしない能力や、情報に基づいて判断を下す能力です。新しい技術を（単に消費するのではなく）作り出し、自分たちの生活様式を変える能力も危うくなります。技術が悪用されていないか批評する能力も損なわれます。愛する人たちを有害な嘘から守る能力や、自分と違う信念を持つ人と対話する能力も危機に瀕します。

あなたが数学の探究者として成長し、あらゆる重要な真実について深い知識を追い求めるにつれて、世界と、世界における自分の居場所について、多くを知るようになるでしょう。明らかだと考えていた社会の問題が、思ったよりも複雑だということが分かるかもしれません。

それでも、数学の真実を渇望することで、私たちは気高い希望を持つことができます。厄介で複雑な事柄も含めて、偽りのない真実（ある事柄は絶対的に根源的に正しいこと）を私たちは本当に知ることができ、このことから自分の正しさに自信を持って、臆面もなく嘘を振りかざす人たちと戦うことができるという希望です。数学の真実を渇望することで確固たるものになる、最も重要な美徳は、おそらく、**真実を信頼すること**でしょう。数学の世界を探究すればするほど、真実を大切にして、その理解に努めることが本当に重要であることが確信できます。

私に送ってくださった原稿について…最後の段落は特に力強く、私へのレッスンはこれで完結しました。数学で形式論理を学んだことで私は、上訴のための法的な根拠を探して認識し、組み立てることに自信を持つことができました（加えて、私が調査をするきっかけとなった情報にも自信を持ちました）。そして、真実を信頼することは、しばしば行動を推進する力になります。

定理に関するあなたの経験について書かれたこの段落にとても共感しました。数学的な概念に初めて遭遇し、その基礎に触れたとき、私も同じ経験をし、それが私をさらに前進させる一端となりました（挑戦もそうです。私は、「格闘」や葛藤を楽しく感じます）。

2018年 9月 5日

クリス

第8章 葛藤

人は、真実の理解を増すことのみに集中できるたび、
たとえその努力が目に見える形で実を結ばなくても、
それを理解する能力は向上する。
シモーヌ・ヴェイユ

練習とは、望む完璧さを迎え入れるための手段。
マーサ・グレアム

●なぜ学生は不正をした？

2人の学生のレポートを読んで、私はガッカリしました。彼らの数学の証明は、表記の仕方や言い回しが似通っていましたが、どちらの生徒も互いを知らないことに私は確信がありました。勘を頼りに自分の出題した問題をオンライン検索したところ、2人のレポートの元になったと思われる解答を見つけました。

私はどうするべきでしょう？　学生に向き合って言い訳させるよりも、彼らが前進する機会を与えることにしました。彼らが自分のした責任をとるなら、私は、大学の司法委員会が判断する前に、それほど厳しくない罰を勧告できます。私はクラス全体に電子メールを送り、オンラインの情報源を使って不正を行った例を見つけたことを説明し、当事者たちが名乗り出ることを期待する旨を伝えました。

次の朝私は、既に特定していた２人を含む、10人からの告白がメールボックスに入っていたのにびっくりしました。他の学科で膨大な不正案件があったことは聞いていましたが、自分のクラスで起こったことに驚きました。

それほど多くの学生を不正に駆り立てたものは何だったのでしょう？　同級生や親から認められたい、よい職に就きたい、あるいは大学院に進学したいなど、多大なプレッシャーを感じていた学生もいました。一人は涙ながらに言いました。「真剣に問題を解こうとしました！　でも疲れていて、やることがいっぱいありました…だからオンラインの解答を探しました。そのまま取り組んで問題が解けるか、自信がなかったのです。」 彼女が問題を解けていたかどうか、今となっては分からないことが私には残念でした。彼女は自分が打ち克とうとしていた不安な気持ちを覆い隠してしまったのです。

悪いのはインターネットでしょうか？　どちらとも言えません。いつの時代も誘惑はありました。でも、インターネットによって、自分を他人と比べることが容易にできるようになり、良くないことも含めて、目の前にある欲望に流され易くなりました。20年前にフェイスブックはありませんでしたが、いまやSNSで共有される情報は爆発的に増え、不適切に感じるほど簡単に、他人の生活や成果を選りすぐりの形で見ることができるようになりました。社会と比較されるプレッシャーはかつてないほどに大きくなりました。どのような数学の問題でも、答えをオンラインで検索できます。ある上級コースでは、数年前に比べて、難問に関して質問に来る学生数が減っていることに私も気づきました。今や、葛藤を通した学びは、ごく簡単に避けられるのです。

●なぜ葛藤しないといけない？

でもなぜ葛藤するのでしょう？　葛藤の価値は何でしょう？　葛

藤はどれくらい深い人間の欲望なのでしょう？

ある種の葛藤には、苦悩が伴います。人生で、この類の葛藤を求める人はほとんどいません。苦悩を楽しむ人はいません。とは言え、苦悩は人間が現実に経験するものです。私たちが一番鮮明に思い出す経験の多くは、自分自身の苦悩を通したものか、愛する人と葛藤しながら歩んだ経験です。苦悩したことのある人は、苦悩が忍耐力を生み出し、これによって人々の性格が形成され、希望が生まれることを知っています。病に対するものであれ、不正に対するものであれ、葛藤は、病魔や力ずくでは私たちから奪い去ることのできない美徳を育んでくれます。そのような美徳は、充実した生活のために重要です。この類の葛藤は、それ自体には価値があり、誰もが経験しますが、深い人間の欲望ではありません。

別の種類として、目標を達成するための葛藤があります。でも目標とは何でしょう？　結局、よい成績をとることが目標なら、不正をして葛藤を避けることもできます。哲学者のアラスデア・マッキンタイアは著書『美徳なき時代（原題：*After Virtue*）』の中で、社会的な実践のなかで、外的な諸善と内的な諸善を区別しています。彼の定義を大雑把に説明すると、**実践**とは、社会的に確立された、協調的で、優れた人間の活動を指します。スポーツ、農業、建築、数学やチェスのようなものも含まれます。外的な諸善は、実践に従事することで生じますが、社会環境の偶然のみに左右され、活動に固有のものとして生まれるものではありません。例えば、富や社会的な地位は外的な諸善です。これらは活動に固有のものではないため、外的な諸善はいつも活動と別の形で起こります。この説明をするのにマッキンタイアは、キャンディで子どものやる気を起こさせて、チェスで勝たせる事例を使います。

> こうした動機が与えられると、その子は勝つのに一生懸命にな

> る。ただし注意すべきことは、その子にとってチェスをする十分な理由となっているものがキャンディだけである間は、その子にはズルをしない理由などなく、もしうまくできるならば、とにかくズルをしてでも勝ちたいと思うことである[1]。

これに対して、内的な諸善は、実践に従事することで生じ、その実践と本質的に結びついているものです。このような諸善は、実践やそれに類似した事柄に従事することから切り離すことはできません。マッキンタイアは続けます。

> しかし、私たちが期待するように、やがて次の時期が訪れるだろう。それは、その子がチェス特有の諸善の中に、すなわち、ある種の高度に特別の種類の分析的技術、戦略的想像力、集中的競争力を達成することの中に、特定の場合に勝つためだけでなく、チェスの競技がどんな様相を呈しようとも卓越しようとするためという新しい理由を見出す時期である。その場合には、もしズルをするならば、その子が破る相手は私ではなくその子自身となるだろう[2]。

したがって、「戦略的な想像力」は、内的な諸善なのです。チェスや類似のゲームに興じることで発達し、その結果、活動と密接に結びつきます。

マッキンタイアが指摘したように、外的な諸善（キャンディ、富、名声など）は個人に帰属するもので、一人に集中すると、それ以外の人の手には入りにくくなることが多いものです。対照的に内的な諸善（スキルの卓越性、活動の喜び）は、どのような個人にも生じるもので、量が減らされることもなく、他の人の手にも入ります。そのような諸善は、実践に参加する人々のコミュニティー全体を豊かにします。あなたが数学で身につけたスキルは、社会全体にとって価値があるのです。あなたが数学で行った発見や統計学で得た洞察は、すべての人が恩恵を得る応用につながるのです。それ以上に、あらゆる数学の定理や定義、応用は、人類の創造力を示す証拠であり、私たちすべての誇りなのです。

したがって、人間の基本的な欲望として私が強調したいのは、内的な諸善を獲得するための葛藤です。より簡潔には、**成長のための葛藤**と言ってよいでしょう。誰もが、スポーツや仕事、友情など、さまざまな社会的実践に従事します。あらゆる分野で私たちは成長し、自分の潜在能力を存分に発揮したいという、人間の欲望を持っています。私はトレーニングするとき、フィットネスの内的な諸善を目標に努力し、健康でいようとします（私の年齢になると、筋骨隆々の体や社会的地位など、トレーニングに起因する外的な諸善にはあまり興味がなくなります）。私の知っている人は誰もが、意味のある仕事を望み（これは自分の適性を伸ばしたいと望む、人間の基本的な欲望に起因します）、専門的能力を開発して、個人的な満足を得たいと思っています。私たちはそれぞれが、深く、豊かで、意味のある友情を育みたいという欲望を持ち、それによって成長したいと考えています。

成長のための葛藤（内的な諸善を獲得するための葛藤）は、豊かな生活の印です。内的な諸善を促進するための社会的実践の場を持たない社会には、拠り所がありません。例えば教育は、内的な諸善の中でも、特に、批判的に考える能力を育てる社会の実践です。一方で、教育のもたらす外的な諸善は、うわべだけの権威です。批判的な思考を奨励しない社会は、権威を装った役者が流布するプロパガンダや偽の情報で、簡単に揺らぎます。その上、根深い不平等がはびこり、機会が欠如し、指導者の腐敗した衰退社会では、外的な諸善を不誠実に得ることが奨励されます。なぜなら人々は、指導者

ペントミノ数独

これは、一風変わった数独のパズルで、フィリップ・ライリーとローラ・タールマンが、著書『ダブル・トラブル数独(原題:*Double Trouble Sudoku*)』[a] から提供してくれたものです。とても難しいので、少し葛藤するでしょう。各列と各行に、同じ数字の組が2回含まれるため、数独を解く通常のテクニックは全く使い物になりません。

		4		2			2		
1			3			5			1
	2		2					4	
3		4		2					
	2		3				5		4
2		2				4		3	
					4		4		2
	1					2		2	
5			4			3			1
		2			4		1		

盤は、それぞれが5つの正方形を含む領域に分割されています(このような領域をペントミノと言います)。次の規則に従って、1から5までの数字から1つを選んで、それぞれの正方形を埋めればゴールです。

① 各ペントミノには、1から5までの数字が1回ずつ含まれなければなりません。

② 各列と各行には、1から5までの数字が2回ずつ含まれなければなりません。

このパズルに描かれている陰影は、同じ形をしたペントミノを分類する以外には意味を持ちません。

a) Philip Riley and Laura Taalman, Brainfreeze Puzzles, *Double Trouble Sudoku* (New York, Puzzlewright, 2014), 189.

が外的な諸善を不公平に分配していることを知っているからです。しかし、内的な諸善は、社会的実践に固有のものであるため、不正に獲得することはできません。それらを追求するには、美徳を育む必要があるのです。人々が、内的な諸善の持つ固有の価値を正しく評価できれば、成長するための葛藤を、豊かな生活の手段と捉え、たとえ不公正な仕組みの中でも、そのような不正に立ち向かう手段と考えるようになります。

●無駄な葛藤はない

数学的な経験では、成長するための葛藤は魅力になります。数学の探究者たちは、面白いパズルや困難な問題を楽しみます。ある問題と長い間葛藤して、迷い込んでしまう可能性があることがどのようなものか、私たちは知っています。このような**葛藤の楽しみ方**を私たちは学びます。私自身の数学の研究でも、**数年**を費やして取り組んだ問題がいくつかあります。これらの問題が今後解けることはないかもしれません。私の人生でも決して解決できない問題があるのと同じです。だからこそ、洞察が現れて、そのうちの１つがついに解けたときの喜びは格別なのです。

数学教育のコミュニティーには、**生産的な葛藤**という用語があります。これは、ある問題に活発に取り組み、さまざまな戦略を粘り強く試み、リスクを進んで犯し、間違えることを恐れず、背後に存在するアイデアを少しずつ理解して進展する状況を指します。このような取り組みは、ある種の**忍耐力**を生み出し、私たちが葛藤することに、心地良さをもたらします。この忍耐力は、**動じない性格**を形作り、人生の問題に取り組む際の助けになります。すぐに問題が解けなくても構わないということを理解して、自分を落ち着かせることができます。問題が解けなくても、解いたのと同じように重要だと評価できます。シモーヌ・ヴェイユが示唆したように、真実を理解するための努力は、たとえ目に見える形で実を結ばなくても、それ自体に価値があり、能力の向上につながります。この葛藤で、私たちは、新しい問題を解く力を手に入れ、いつかそれらを解決できるという期待を高めます。そして、葛藤し、ついに上手くいったとき、私たちの中には**自信**が生まれます。時間の経過とともに少しずつ理解を深め、苦労して勝利を勝ち得たことで、私たちは**熟達**してゆきます。

これらはすべて、数学を適切に実践することで育まれる美徳です。この種の美徳は、外的な諸善よりも内的な諸善を重視し、葛藤を通して成長したいと思う各人の深い欲望に入り込みます。では、この種の葛藤を奨励する一方で、葛藤を回避して外的な諸善の誘惑に流されないようにするために、数学の探究者たちは何ができるでしょう？

不正事件について内省した私は、次のような疑問に直面しました。このようなことが起こったことに関して、自分にはどのような責任があったでしょう？　私は、学生に対してではなく、私自身に対して失望を感じ始めました。私はうかつにも学生に対して、最も重要なのは成績だと感じるように仕向けていなかったでしょうか？　違うやり方はなかったでしょうか？

学業不正に関する調査によると、不正行為を犯す率は、過去数年間上昇しており、その要因には技術の進歩もありました[3]。加えて、不正を予兆する強い要因の１つは、両親や教師が成績に関して過度のプレッシャーをかけることなのです。成績のような外的な結果よりも、自分に固有の価値のために学び、熟達してゆく重要性を教師が教えるような状況では、生徒たちはあまり不正をしない傾向にあります。ここでも、内的な諸善として熟達してゆくことと、外的な諸善として満足のいく成績を勝ち取ることの間には違いがあることが分かります。

知ってか知らずか、私たちは、たとえ熟達することに価値があると考えていても、成績が重要だということを微妙な形で伝えているものです。例えば、家庭やクラスで、私たちは誰を賞賛しますか？　私たちは誰に注目しますか？　生徒Ｃよりも生徒Ａに好意を示すなら、私たちは熟達の度合いを暗に評価していることになります。たとえそのようなメッセージを送っていなくても、子どもたちは社会から、成績の評価は重要という信号を受け取り、それらの信号を大袈裟に捉えがちです。私たちは、成績が極めて重要であるという考えに対抗するように、積極的な対策を講じなければなりません。

不正事件があって以来、私は生徒たちにキャロル・ドゥエックの小論を読むように促しています。彼女の研究によると、知性には順応性があり、成長可能（成長型思考）と信じる人たちと比べて、知性は固定化されたもの（固定型思考）と信じる人たちは、挑戦することを怖がり、失敗で簡単に挫けてしまいます[4]。固定型思考の生徒は、物事が簡単にできるのは才能があるからだと考えます。その結果、問題と葛藤するのは、能力のない証拠と考えます。対して、成長型思考の生徒たちは、挫折を学びのチャンスと捉え、葛藤を通した忍耐で克服できると考えます[5]。

以下に紹介する３人は、フィールズ賞を受賞した一流の数学者たちですが、彼らは、数学で葛藤することの価値を強調しています。

> 私はゆっくり考えるタイプで、自分の考えを整理して進展させるのに多くの時間を費やさなければなりません。
>
> マリアム・ミルザハニ[6]

> 物事が難しいことが分かっても、その段階をなんとか克服する経験をすることは極めて重要です。自分で考え、たとえ困難な問題でも解決する習慣を早い段階で身につけることができれば、大きな違いを生むでしょう。
>
> ティモシー・ガワーズ[7]

> 成功したにもかかわらず、私は自分自身の知力にまったく確信が持てませんでした。私は自分を頭の悪い人間と思っていました。本当にそうでしたし、今でも鈍いです。私は常に物事を完全に理解しなくてはならないので、把握するのに時間が必要なのです。
>
> ローラン・シュヴァルツ[8]

私は自分の学生たちに、葛藤するのはよいことであり、学びはそこで起こるのだと、絶えず気づかせるようにしています。教授たちが研究で常に行っているのが葛藤で、それが一番面白いことなのです。私は学生たちに、人生でどのような試練に遭遇しても役に立つ美徳が培われていることに気づかせるようにしています。彼らが、困難があってもやり抜き、その向こう側にある成果を手に入れる方法を知ることになるからです。私は学生たちに、成績は進歩を測るもので、将来を保証するものではないと気づかせるようにしています。成績は、あなたの個人としての尊厳を左右するものではありません。

●反省した私

これらのことを省みて私は、葛藤を尊重するような形に評価方法を変え始めました。今では、ある戦略を通して考えたことを示した学生には、たとえ問題を解けなかったとしても、部分点を与えています。私は次のような内省的な問いかけを行い、単なる結果ではなく、数学をするプロセスを評価するようにしています。

> このクラス全般の経験を思い返して、自分が学んで面白かったアイデアと、なぜそれが面白かったか、そして、それによって数学を行うあるいは創造することに関して分かったことを記述せよ。

この問いに対する学生の反応の多くは、喜ばしいものです。一例を紹介しましょう。

> このクラスではたくさんの面白いことを学びましたが、私の経験で最も印象に残ったのは、ある宿題で読むように指示された論文でした。この論文は、知性を固定化されたものと考える人は、なぜ、物事が困難になると諦めてしまうかについて話しています…　最近まで私は、数学にフラストレーションを感じて、自分に不満を持っていましたが、それは、ここに書かれているのと同じような考え方をしていたからです。同じ論文から学んだ別の考え方として、学習には努力と忍耐が必要だと理解しなければなりません。この考え方はそれほど驚くべきものではありませんでしたが、私はこれまでの学期で、このことを受け入れた方がよかったと感じました。今や数学を続けることにより自信が持てたので、私には為になる教訓でした。数学を行い、創造することで重要なのは、洞察や閃きだけでなく、物事が上達するために努力することだということを学びました。

私が最近問いかけた別の質問は次のようなものです。

インターネット時代の特権の1つは、どのような問題でも欲しい答えを探すことができる点にあります（すでに解かれた問題であればですが）。それでもこの環境は、数学を勉強しているときには、逆効果になりかねません。このクラスでは、数学で葛藤することの重要性を強調しました。葛藤するのは当たり前のことで、学習する過程の一部です。もし行き詰まったら、とにかく「何かを試さなければ」なりません。ここまでのクラスの中で、あなたが葛藤し、自分にとって価値のあることを試みた事例について記述してください。

元海軍兵で、大学を卒業するために戻ってきた学生からは、次のような回答が届きました。

何かのやり方を自分の手で学ぶのは、何かで学問的に葛藤することとおそらく同じだと思います。例えば10歳のとき私は、ジャグリング[i]を自習してとても上手くなりました。いったんジャグリングを止めると、それがあまり格好のいいものではないことに気づきましたが、15年後にこの隠れたスキルで妻を驚かすことができ、まだ自分ができることに気づきました。同じように、海軍で学んだ多くのスキルを実践するには、手や体を使った複雑な動きをする必要がありました。乗組員に配られた機関銃を分解し組み立てる方法を、私はいつまでも憶えていると思います。同様に、射撃にも数年を費やしたので、おそらく私の体が動かなくなるまで、腕は落ちないと思います。

〔訳注ｉ〕 複数の物を空中に投げたり取ったりを繰り返し、１つ以上の物が常に宙に浮いている状態を維持する技術。日本のお手玉もその仲間。

数学の教授たちが黒板の問題を苦もなく解くのを見ると感心します。彼らも最初は問題を解く方法を知らなかったかもしれません。生徒がよい質問をしたときに、あなたが易々と問題を解くのを少なくとも数回は見ました。あなたにとって数学は、車を修理したり、説明書なしに何かを組み立てたりするようなものなのだと思います。大いに葛藤したために、これまでの経験はすべて脳に焼き付けられたのです。もはやそう簡単には忘れられないのです。時間を費やして、懸命に努力したから、あなたは数学が得意になったのでしょう。

私もいつか、何かの科目でそのレベルに到達したいと思っています。

葛藤の価値について理解した様子から、彼にはそれができると私は確信しています。

数学に魅力を感じているのは、その力、構造、真実に惹かれたからです。私は、数学の議論ほど強い議論を見たことがありませんでした（哲学、法律などと比べて）。数学の構造は驚くべきもので、さまざまな有効な方法を使っても、絶対的に同じ結論に導かれます。数学の真実は驚くべきもので、私たちの物理的世界を記述し（物理的世界が、私たちにとって既知の存在になる）、それ以外のあらゆることに波及する応用につながります。数学の力を示す例は、私たちの宇宙です。宇宙に関するほとんどすべての事柄は、「本当」の物理学が見つける前に、「数理物理学」が発見したように見えます。

2018年8月9日

クリス

第9章 力

権力は、人を堕落させない。
しかし、愚か者が権力の座についたら、権力を堕落させる。
ジョージ・バーナード・ショー

数学発明の原動力は推論にあらずしてむしろ想像なり。
オーガスタス・ド・モルガン

●トランプの組み合わせ

標準的な52枚のトランプ一組を考えましょう。たくさんの人がゲームやマジックに使う日常的なアイテムですが、注意深く考えることはほとんどありません。でも数学を学ぶと、トランプ一組に対して、新鮮で強力な見方ができるようになります。

一組のカードはある順番（特別である必要はありません）に並べられています。これを**配置**と呼ぶことにします。トランプに関する最初の問いは、「52枚のトランプ一組を並べる配置はいくつあるでしょう？」というものです。何人かの読者は答えを知っているかもしれませんが、数学の本質は計算することではないので、質問の仕方を変えましょう。計算しようとはせず、本能に忠実に反応して下さい。これらのうちで最も大きいのはどれでしょう？

A　宇宙にある星の数
B　ビックバン（時間の始まり）以降の秒数
C　52枚のトランプ一組を並べる配置の数

こうなると興味が出てきますね。じっくりと考えてみてください。

●数学の持つ創造力

トランプ一組について理解すると、数学が強力であることがいろいろな側面から分かります。数学の練習を始めて、自分の生まれ持った推論の能力を解き放ち、広げることで、そのような数学の力を自分のものにすることができます。

力は人間の持つ普遍的な欲望です。ですが、ときに力は悪い言葉の響きを持ち、力を持った人々は、広く尊敬される立場にはありません。このことを理解するには、私たちが話すとき、力には二通りあることを整理しなければなりません。

最初は、ものの力に関するものです。これは、電力や力強い嵐のようなものです。「パワー（力）」という言葉は、古フランス語の「ポエア」と古ラテン語の「ポテレ」に語源を持ち、これらから派生した言葉に「ポテント（有力な）」「ポテンシャル（可能性のある）」があります。したがって、力のあるものとは、何かをする能力を持っているものを指します。数学の探究者たちは、このような意味で数学には力があるといいます。

第二は、人々が、他人に命令したり、影響を与える力に関するものです。力でできることにはたくさんの善いことがありますが、残念なことに常にそうとは限りません。力が悪用されると、力の力学は数学の教えや学びの方法に負の影響をもたらします。社会学者のマックス・ウェーバーは、力を、「抵抗を抑えてでも、自分の意志を、他人に強要する能力」と定義しています[1]。ウェーバーが言及していたのは、強制力、すなわち、誰かに何かを強要する力です。この種の力は、加害者と被害者のいずれにも豊かな生活をもたらしません。

私は力について、ものと人の最良の側面を捉える、別の考え方が好きです。作家のアンディ・クラウチは次のような定義を提案しています。

> 力は、世界から何かを作り出す能力です…もの作りと意味作りのプロセスに参加する能力で、人間のできる、最も際立った能力です[2]。

ここで出てくる「もの作り」、「意味作り」という2つのフレーズは意図的に曖昧に表現されているので、解きほぐさなければなりません。

もの作りは、人だけでなく、世界が持つ潜在能力に関するものです。例えば、電力は、エネルギーの一形態としてもの作りに使われます。人々はものを作って、周りの環境を変えます。このことに対して数学者は、**変換**という良い言葉を持っています。数学の関数が、作用したものを変換するように、世界の生き物は、環境を変換しています。宇宙自体は常に変換し続けています。

意味作りは、世界を理解し、それを最大限に表現する意味を創出することです。これは創造的な作業で、想像力を必要とします。人々は世界を理解します。ものが世界を理解することはありませんが、数学のようなものは、人々が世界を理解する助けになります。

数学の探究者たちは、これらの両方を行います。私たちはもの作り（定義し、構造を作り出し、定理を証明し、モデルを開発すること）をしますが、意味作り（自分の創り出すモデルや記号に、意味を付与すること）も行います。人とは対照的に、コンピュータは、もの作り（タスクを実行して答えを計算すること）に参加しますが、意味作りには（今のところ）参加しません。

もの作りと意味作りを行う力、すなわち、「創造力」は、最も深く、信頼できる形の力だ、とクラウチは主張します。創造力は豊かな生活の証であり、私たちが普段使う力とは必ずしも同じではありません。乳児には力がありますが、これは、もの作りと意味作りに参加して成長する能力を持つからです。マザー・テレサには力がありましたが、それは、彼女が、貧しい人々への支援を通して、自分にとって大事な人々と共通の意味を創ったからです。

それでも、創造的な力は歪められる可能性があります。なぜなら創造力は、悪用できるからです。歪められると創造力は「強制力」になります。強制力は、他人が、もの作りと意味作りに参加する創造力を台無しにします。

数学の空間、すなわち、数学の行われる環境には、創造力と強制力の両方が存在します。まずは数学の持つ創造力について考え、それが意味を作り出す力を目撃することにしましょう。

●トランプを切るたびに歴史が塗り変わる！

「数学は強力である」と言うとき、何を意味するでしょう？

カードをシャッフルする問題に戻りましょう。この設定で、数学の力を明示するさまざまな側面について説明してゆきますが、数学の何が強力なのかを、感覚として伝えるようにします。すべてを理解できなくても問題ないので、心配しないで下さい。実際には、その方が普通です。数学者ですら、初めて聞くことを詳細まですべて分かることはありません。私たちは数学という地形の上空を飛行しているようなものなので、5万フィート[i]からの眺めを楽しむだけでよいのです。

〔訳注 i〕 1フィートは約30cm。

数学的な見方で、トランプ一組を眺めて、以前に述べた比較問題について考え始めましょう。宇宙にある星の数、ビックバン以降に経過した時間の秒数、52枚のトランプ一組を並べる配置の数のうちで、最も大きいのはどれでしょう？

これは、「トランプ一組の並べ方には何通りあるでしょう？」という問題よりもはるかに面白い問いかけです。なぜなら、私たちが比較している数には、意味が付随しているからです。これは数学の最も基本的な力、すなわち、**解釈する力**を指しています。数学の探究者は、計算するときには立ち止まりません。なぜなら数学は、解釈するためのものであって、計算するためのものではないからです。数学の探究者は、計算結果を見て、その意味を解釈することに努め、理に叶っているか、自分の知っている他の事例と整合するかを確認します。

天文学者たちは宇宙における星の数は約10^{23}と推定します。これは10を23個複製したものをすべて掛け合わせたもので、1に23個のゼロが続く数です。天文学の示すところによると、宇宙の寿命は約138億年か、あるいは、10^{18}秒以下です。52枚のトランプの並べ方は、最初のカードの選び方（52通り）掛ける、2枚目のカードの選び方（最初のカードが決まった後なので、51通り）掛ける、3枚目のカードの選び方（最初の2枚のカードが決まった後なので、50通り）掛ける、などの操作を繰り返して計算できます。52から1までの整数をすべて掛け合わせて得られる積は、「52の階乗」と呼ばれ、「52!」と書きます。ここで、感嘆符は「階乗」を意味します。（例えば、5！は$5 \times 4 \times 3 \times 2 \times 1 = 120$です。）階乗の記号を使うと、私たちはいつも興奮を覚えるのですが、これには理由があります。51! は約10^{68}であり、トランプ一組の並べ方は、びっくり仰天するほどに大きな数なのです！　これは、宇宙の星の数やビックバン以降の秒数よりもはるかに多いものです。そして、解釈する力を実践すると、次のことに気づきます。

世界が始まってから、毎秒、カードをシャッフルし続けたとしても、すべての配置を実現するには到底及びません。

事実、10^{68}は10^{18}よりもあまりに大きいので、毎回のシャッフルで出てくる配置は、それ以前にシャッフルされた配置とはまったく異なる可能性が極めて高いのです。別の言い方をすると、

トランプをシャッフルするたびに、あなたは歴史を作っているのです！[3]

●何回シャッフルすれば十分混ざる？

二番目の質問として自然に出てくるのは、「一組のカードをよくかき混ぜるのに何回のシャッフルをすればよいでしょう？」というものです。リフルシャッフルに特化して考えましょう。これは、カード一組を２つに切り分けて、半分同士をほぼ交互に噛み合わせて、１つに揃える方法です。

あなたは、52枚一組のカードを混ぜ合わせるのに、リフルシャッフルが７回必要と聞いたことがあるかもしれません。これは1922年にデイブ・ベイヤーとパーシ・ダイアコニスが発表した定理です[4]。ここで彼らの議論の一般的な筋道を説明することにします。

始めに、「何回のシャッフル」という質問は曖昧です。「よくかき混ぜる」とはどういう意味でしょう？　これに答えるのが、**定義する力**という、数学の持つもう１つの力です。数学の探究者たちは、まだ定義されていないこれらの言葉を正確に表そうとします。混ぜ合わせる話をする前に、まず、カード一組に関する「私たちの知識の状態」として、カードがこの配置をとるか、あの配置をとるかする確率を記述しなければなりません。「確率分布」が分かれば、カ

ードが任意の配置をとる確率について知ることができます。すでに見たように、52! あるいは約10^{68}通りの配置があるので、確率分布は、あらゆる配置についてそれが起こる確率を規定しなければなりません。これを一覧に書き出そうとすると、とても長くなります。52! 行にも及び、各行には、カードの配置と、その起こる確率が示されることになるでしょう。

シャッフルを始める以前の開始地点では、カード一組のとり得る配置はただ１つなので、その配置の起こる確率は１で、それ以外の配置が起こる確率は０です。ここでシャッフルすると、ランダム性が入り込み、状態はより不確実になります。他の配置よりも起こり易い配置が存在しますが、それぞれの配置の起こる確率は、確率分布で分かります。よくかき混ぜられたカードの究極の例は、すべての配置の起こる確率が同じ場合で、このとき私たちは、カードの状態に関する特別な知識を持たないことになります。定義の力を実践して、この状態に名前をつけることができます。

あらゆる配置の起こる確率が等しい場合、カード一組は「ランダムである」と呼ぶことにしましょう。ランダムなカードでは、52! 通りの配置のそれぞれが起こる確率は１/52! です。したがって、カードがどれだけよく混ぜ合わされているかを測るには、ランダムな一組からの「距離」を定量化するのが合理的です。これを行うのは、数学の持つもう１つの強力な側面である、**定量化する力**です。

●トランプの距離をどう測る？

さて、「距離」とは何を意味するでしょう？　何の空間における距離でしょう？　ここで、数学にはさらなる力があることが分かります。**抽象化**、**視覚化**、**想像**の力です。私たちは想像力を使って、抽象的な空間を、視覚化することにします。空間の各点は確率分布を表しているため、各点はカード一組に関する知識の状態を表しま

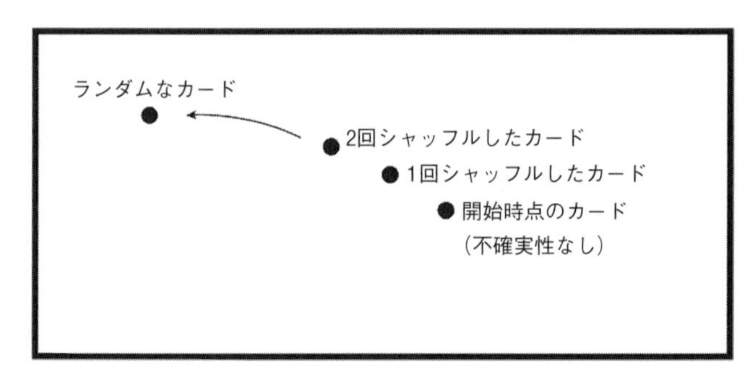

図9-1　確率分布の空間

各「点」は、52！通りの配置とその確率の一覧を表します。

す（図9-1）。ランダムな一組（知識がない状態）は、この空間における1点となり、その他の点は、ランダムではない確率分布をとります（他の知識状態）。私たちが知りたいと思うのは、シャッフルするごとに、自分の知識が、ランダムな一組からどれだけ離れていくかです。

このとき私たちは、確率分布の空間で、点の間の距離を測る関数を創ろうとしています。これは、実際の空間で距離を測るのと同じ要領です。ここで使わなければならないのは、**創造力**です。いろいろな選択肢があるため、創造力が必要なのです。例えば、この世の中で、二人の人の間の距離を測りたいと思ったら、たくさんの選択肢があるでしょう。その一部は次のようなものです。

① 二人の間の物理的な距離を、マイルで測る
② 友達のネットワークにおける距離（あるいは、隔たりの次数）を、二人の間を最短で結ぶ友達の数で測る
③ 飛行時間の距離を、二人が出会うのに必要な最短の飛行時間で測る

④　車やボートの距離を、二人が陸上を移動して出会うのに必要な最短時間で測る

⑤　系統的な距離を、二人の共通の祖先にたどり着くまでに何世代遡ればよいかで測る

他にも考えられるでしょう。それらの中からどの距離を選ぶかを決めるのが、**戦略化の力**です。数学の探究者たちは、問題を解決するために、どのように戦略を選べばよいかを学びます。数学に関して信じられている俗説の１つに、答えの見通しは、立っているか、いないかのどちらかしかない、というのがあります。現実には、可能な戦略をいろいろと組み立て、うまくいくものがあるかを試すのです。

カードをシャッフルする問題で私たちが扱うのは、確率分布の空間です。ベイヤーとダイアコニスが、この空間における距離の概念に選んだのは、「全変動距離」と呼ばれるものでした。ここでは、彼らの結果の全体像を感覚的に伝えようとしているので、この距離が何かは気にしなくてよいです。彼らがこの距離を選んだのは、カードをシャッフルするごとに、ランダムな組からどれだけ離れているかを測るのによい性質を持っていたためです。

●シャッフルするとトランプはどう変わる？

次に、シャッフルを分析して、それが確率分布にどう作用するかを考える必要があります。このために、もう１つの数学の力である、**モデル化の力**を行使します。私たちはシャッフルに対して数学的なモデルを立てて、人々がシャッフルする方法を正確に表したいのです。ベイヤーとダイアコニスが選んだシャッフルのモデルは、ギルバート－シャノン－リーズのシャッフル（三人の名前のイニシャルをとってGSRシャッフルとも呼ばれます）で、人々が実際にシャ

ッフルする方法をよく近似するモデルです。このモデルでは、カードは「二項分布」に基づいて切られる、と仮定します。これは、カードをシャッフルして k 枚と（52-k）枚に分割される確率は、コイン投げを52回行って、表が k 回出る確率と同じことを意味します。次に、分割された束からカードを連続して落としますが、どちらの束からカードを落とすかは、束に残っているカードの枚数に比例した確率で決まります[ii]。人々のシャッフルの仕方は毎回異なるため、シャッフルの数学的表現には、ある種のランダム性が使われていることに注意してください。例えば、人々がカードを二分割するとき、毎回正確に半分ではなく、ほぼ同じ数に分かれますが、これはコイン投げで表と裏が出る回数がほぼ同じになることで数学的には表されています。

このように表されるGSRシャッフルは扱いにくそうに思えるかもしれませんが、ベイヤーとダイアコニスは、GSRシャッフルには少なくとも4つの等価な表現法があることを示しました。1つは幾何学的な表現で、生地を練るのと同じようにカードを動かします。もう1つはエントロピーによる表現で、カードを切り、挟み込むことが可能な組み合わせは、すべて同じ確率で起こると考えます（したがって、挟み込みの組み合わせが少ない不均等な分割は起こりにくいことになります）。GSRシャッフルを表すのに複数通りの方法が存在することで浮き彫りになるのは、数学における**多重表現の力**です。あるアイデアを理解するのに複数の方法があるなら、あなたは、自分の持っているツールで問題を解く際に、一番簡単な方法を選ぶ力があるのです。

これらすべての表現を最もよく理解するために、リフルシャッフ

〔訳注 ii〕リフルシャッフルでは、2束のカードを噛み合わせて揃えますが、ここでは噛み合わせる操作を、カードを落とすと表現しています。

ルを一般化したn-シャッフルを使って考えることにしましょう。これはリフルシャッフルのようなものですが、カード一組を2つに切る代わりに、n個の部分に切ってから、挟み込みます。数学では、特化した問題を解くよりも、一般化した問題を解く方が、より洞察を得られることが多くあります。これが数学の**汎化能力**です。m-シャッフルの後にn-シャッフルを行うことは、mn-シャッフルを1回行うことと等価だということが分かります。したがって、通常のリフルシャッフルを2回行うことは、2-シャッフルの後に2-シャッフルを行うことであり、これは4-シャッフルを1回行うことと等価となります。さらにもう1回リフルシャッフルを行うことは、8-シャッフルを1回行うことと等価になります。同様に、カード一組に対してk回リフルシャッフルを行うことは、2^k-シャッフルを1回行うことと等価です。

このような有用なアイデアを使うとシャッフリングの代数学的な構造が見えてきます。これが数学における**構造同定の力**です。私たちがそれまでに見たことのない構造が明らかとなり、その構造は魅力的であると同時に、問題の解法を示唆してくれるのです。カードには、「昇数字列」と呼ばれる構造もあります。カード一組を左（重ねている場合は、一番下にあるカード）から右（重ねている場合は、一番上にあるカード）に広げたとき、連続した数字が順番に並んでいる最長の部分列のことを、昇数字列といいます。例えば、10枚のカードからなる以下の組では、昇数字列が3つあります。

{A,2, 3} は昇数字列ですし、{4, 5} も {6, 7, 8, 9, 10} も昇数字列です。昇数字列の中で、数字は連続していなければなりませんし、連続し

た数列は、カードの組の中で可能な限り続いている必要があります。したがってここでは、{6, 7, 8} は昇数字列ではありません。なぜなら、{6, 7, 8, 9, 10} まで拡張できるからです。

完全に並べられたカード一組には、昇数字列がちょうど1つあります。

この10枚のカードにリフルシャッフルを施して何が起こるかを見てみましょう。まず、カードを二項分布に従って切ります。これは、10回コインを投げて6回表が出るのと同じ確率で、6枚の束と4枚の束への分割が起こることを意味します。

次に、2束のカードをパラパラと一緒にめくります。それぞれの束からカードが落ちる確率は、束の大きさに比例します。したがって、エースが最初に落とされる確率は、10分の6で、7のカードが最初に落とされる確率は、10分の4です。最初にエースが落ちたとすると、残りの束の大きさは5枚と4枚なので、次に落ちるのは、9分の5の確率で2のカードか、9分の4の確率で7のカードです。次に7のカードが落ちたとしましょう。このようなことを続けると、以下のような挟み込みが得られるかもしれません。

この一組には、昇数字列が{A,2, 3, 4, 5, 6}と{7, 8, 9, 10}の2つあります。もう一度シャッフルすると、カードを切る際に、これら2つの昇数字列はそれぞれ2つに分割されるでしょう（よほど偏ったカットでない限りは）。そして、カードを挟み込んでシャッフルすると、最大で4つの昇数字列ができます（カットや挟み込みに偏りがある場合には4より少なくなります）。同様の理由で、3回目のシャッフルをすると、最大で8つの昇数字列ができるでしょう（3回シャッフルするのは8-シャッフルするのと等価であると少し前に書きましたが、これらの昇数字列は、8-シャッフルでできた8つの束から生じると考えられます）。

昇数字列のことを知ると、3回シャッフルした後で、すべての配置が起こることは不可能ということが分かります。なぜなら、10枚のカードでは、8つ以上の昇数字列を持つ配置が存在するからです。実際、以下のように反転したカードの組には、10個の昇数字列が存在します。左から右まで直進して、順番に並んだカードすべてに行き当たるには、10回直進を繰り返す必要があります（一回直進しても、1枚のカードにしか当たらないためです）。

同じような議論を使うと（試してみてください！）、52枚のカードに対して、5回のシャッフルでは辿り着けない配置が存在することが分かります。したがって、私たちの知力を使うだけで、5回のシャッフルでは、カードを混合するのに十分ではないことが立証できました。この回数では、すべての配置にたどり着くことすらできず、はるかに少ない数の配置が、ほぼ等しい確率で起こるだけです。

こうなると、あと2回シャッフルするだけで、すべての配置がほ

力の指標

政治システムにおける力は、私たちの日々の生活に影響します。したがって、数学者や政治学者たちが、力を定量化するモデルを開発してきたことは驚きにあたりません。そのようなモデルの1つが、シャープレイ＝シュービック投票力指数です。

100人からなる議決機関があり、グループA（50人）、グループB（49人）、グループC（1人）から構成されるとします。法案を可決するには、51人の賛成が必要ですが、これらのグループは組織として投票します。考えてみると、グループCには1人しかいませんが、結果には大きな影響を及ぼす可能性があります。このような状況が、2017年の米国上院で起こりました。オバマ大統領の医療保険制度改革法の撤廃をめぐり、50人の上院議員が反対、49人が賛成を表明した後、ジョン・マケイン上院議員は反対に回り、法を救ったのです。

このような影響を定量化する方法の1つとして、ある順番で投票グループが入室して、連立〔訳注：共通の目的を達成するために、2つ以上のグループが協力する際に形成される集団〕が成長することを考えます。法案を可決するのに十分な連立にちょうど達したそのときに入室した投票グループは「ピヴォット」と呼ばれます。ある投票グループに対するシャープレイ＝シュービック投票力指数は、そのグループがピヴォットになるような入室順序の割合を指します。

私たちの例では、3つのグループに対して6通りの入室順序があります。A**B**C, A**C**B, B**A**C, BC**A**, C**A**B, CB**A**です（ピヴォットは太字で表されています）。例えば、グループAがピヴォットになるような入室順序は、B**A**C（Bだけでは51の投票に届かないので）とBC**A**（BとCを合わせても51の投票に届かないので）を含めて４通りあります。グループＢがピヴォットになるような入室順序は、ABCのみで、グループＣがピヴォットになるような入室順序は、ACBのみです。したがって、シャープレイ＝シュービック投票力指数は、グループＡが4/6、グループＢが1/6、グループＣが1/6です。この指数によると、グループＣの１人は、グループＢの49人を合わせたものと同じ力を持つことになります。

もしグループＡが48人、グループＢが49人、グループＣが３人ならば、シャープレイ＝シュービック投票力指数はどうなるでしょう？　試してみてください。これで、2017年の出来事を別の角度から分析できます。医療保険制度改革法の撤廃を阻止するため、上院議員のスーザン・コリンズ、リサ・マーコウスキ、ジョン・マケインは、自分の政党の投票組織から外れて連立したのです。

アラン・テイラーとアリソン・パチェッリは、著書『*Mathematics and Politics*（数学と政治）』[a]の中で、アメリカ大統領の力（上院と下院を含む連邦制における力）を分析して、約16％であることを見出しました。他国の政治システムに関する議論と、権力に関する別の概念についても書かれています。

a）Alan Taylor and Allison Pacelli, *Mathematics and Politics: Strategy, Voting, Power, and Proof*（数学と政治：戦略、投票、権力、証明）（New York：Springer, 2009）。49人、50人、１人のグループを用いた例題の出典は［Steven Brams, *Game Theory and Politics*（ゲーム理論と政治）（New York：Free Press, 1975）, 158-164］です。

ぼ等しい確率で起こるようになるのは驚きです！　ベイヤーとダイアコニスは、n-シャッフルである特定の配置が起こる確率は、昇数字列の数、カードの枚数、nの数のみに依存することを発見しました。このことを使って彼らは、2^k-シャッフル（これはリフルシャッフルをk回行うのと等価）されたカードの組とランダムな組の間の全変動距離を計算することができました。彼らの解析によって、52枚のカードでは、ランダムな組に近づくのに少なくとも7回のシャッフルが必要だということが示されたのです。7回以上シャッフルすると、さらにランダムに近づきますが、大きな影響は及ぼしません。したがって、GRSシャッフルでカードを混ぜ合わせて、すべての配置の起こる確率がほぼ等しくなるようにするには、7回のシャッフルがよいと、非常に定量的な意味で、言うことができます。

この結果については、省みるべき点がたくさんあります。1つは、宇宙における星の数以上の配置を持つカード一組に関して、これほど正確なことが言えるのは驚きだという点です！　もう1つの驚きは、すべての配置の起こる確率がほぼ等しくなるのに、たった7回のシャッフルでよいということです！

詳細に説明してきたこの例では、さまざまな数学の力（解釈、定義、定量化、抽象化、視覚化、想像、創造、戦略化、モデル化、多重表現、汎化、構造同定）を見ました。数学を学ぶ人なら誰でもこのスキルを伸ばすことができます。これらは、もの作りと意味作りを行う創造力を引き出す美徳です。

●何が創造力を抑えつける？

しかし、善いものは常にそうであるように、数学を悪用することもできます。人々は過ちを犯しやすいため、数学の力は歪められ、強制的になることもあります。

強制力は、他人が創造力を実践する機会を妨げます。他人がよい教育を受ける機会を妨げると、私たちは、彼らからもの作りのツールを奪うことになります。「難しい」生徒たちと関わり合うのを避けると、私たちは、彼らの活躍する能力を損なうことになります。強制力は、他人が自分の存在や、仕事をする意味を創り出す能力を制限します。人種、性別、宗教、性的嗜好、階級、あるいは障害で人を排除するとき、私たちは、彼らが意義ある形で社会参加するのを妨げています。

女性が数学を追究するために、大学からの激しい反対に打ち克たなければならなかったのは、それほど以前のことではありません。ソフィア・コワレフスカヤ（1850-1891）は、ロシアの数学者で、熱の伝搬に関する偏微分方程式や回転体の運動に関する重要な定理を発見したことで有名です。しかし、サンクトペテルブルク大学とハイデルベルク大学で、彼女は非正規学生としてしか講義に出席できませんでした。高名な数学者であるカール・ワイエルシュトラスの下で勉強するためにベルリンに引っ越したとき、彼女に代わってワイエルシュトラスが嘆願したにもかかわらず、ベルリン大学は彼女の授業への出席を一切拒絶しました。そこで彼は、個人教授をすることにしました。彼女が博士論文に十分値する仕事をしたとき、その中には、現在、彼女を世に知らしめている結果の１つも含まれていました。それでも彼らは、彼女に学位を授けてくれる大学を探さなければなりませんでした。出席は認めないという条件で、彼女に博士号を授与したのはゲッチンゲン大学でした。これにより彼女は、数学の博士号を授与された世界初の女性となりました。彼女の博士論文の成果の１つは、当時のドイツで最も権威ある数学雑誌で発表されたにもかかわらず、彼女はドイツでもロシアでも職を得ることができませんでした。彼女は数学の世界を去り、代わりにフィクションや演劇の批評を書きました[5]。６年後に彼女が数学の世界に戻り再挑戦していなければ、彼女が博士論文後に行った突出した仕事を、私たちは享受できなかったでしょう。

コワレフスカヤの物語は、強制力が、社会規範の内側に隠れてしまうことを示しています。「これまでもずっとそうだった」と言われてしまうのです。女性がコワレフスカヤのような困難に直面することはもうなくなったと言って、彼女の例を片付けるのは簡単ですが、今日の社会で許されている社会規範で、陰に陽に、誰かの障壁になっているものがないかを考えるのは大事です。私たちの持つ力で、そのような規範を変えてゆくべきでしょう。

自分の創造力を制限された人たちについて考えてみてください。エリカ・ウォーカの著書『*Beyond Banneker*（バネカーを超えて）』では、1世紀前のアフリカ系アメリカ人数学者たちの物語が詳細に述べられています。思いがけないチャンスや支持者によって、彼らが数学を続けてゆく支援がなされなければ、多くの才能は見過ごされていたか、抑圧されていたことでしょう[6]。今日ですら、女性や有色人種、その他の不利な状況に置かれた人々が、数学で創造力を存分に発揮するには、まだ壁が残されています。

強制力を押し付けるのは、いつも人という訳ではありません。見えない形で力を振りかざす構造の中に存在することもあります。設計の乏しい設備があると、車椅子の人たちは、他の人と同じような社会参加ができなくなります。履修要件に不必要なまでに制限を設けると、収入の低い生徒たちは、高校で他の生徒たちほど深くは数学を学ばなかったというだけの理由で、準備が整っていたとしても、上級コースを履修できなくなります。仕事や弁済能力、あるいは昇進に関して、人々を「点数付け」するために、社会はこれまでになくアルゴリズムに依存しています。そのようなアルゴリズムが思慮深く設計されておらず、責任ある形で注視されなければ、偏見を無意識に強めることになりかねません[7]。私たちは、自分の力をどう行使するかを考えるだけでなく、自分の力をアルゴリズムに安易に委ねてしまっていないかを省みなければなければなりません。

●創造力は何のため？

創造力は、強制力とはさまざまな面で区別されるものです。創造力は、**主体と客体の力を増幅**します。誰かに新しい数学のスキルを教えたときに、何が起こるかを考えてみてください。いまや一人以上の人がそのスキルを身につけたことになります。あなたは、他人の創造力を増幅したのです。あなた自身の力も成長し、スキルも磨かれます。数学を使って他人の役に立てることにも増幅の効果があるのです。世の中の大問題（例えば、がんを治癒する、飢餓をなくす、人身売買をやめさせる等）を解決するには、間違いなく数学（数学的な思考、数学のモデル化、数学を援用した革新等）が関係するでしょうし、これによって多くの人々の創造力を救済することになるでしょう。人を励ます優しい言葉が持つ力についても考えてみましょう。これであなたが失うものは何もありませんが、それでも他者の気持ちを持ち上げ、励ますことになります。創造力とは**謙虚**なもので、他者を第一に考え、他者の創造力を解き放とうとします。強制力ではこのようなことは決してありません。生徒たちの出来が悪いとき、「一体どうしたんだ？」と問う代わりに、謙虚な数学教師は「何か違うやり方があったのではないか？」と自問するでしょう。創造力とは**献身的**なものなのです。親は子どもとの勉強に時間を費やすことで、彼らの創造力を広げます。この種の創造力を追求すると、私たちには、それに付随する美徳も養われます。それは、**奉仕の心を持って、謙虚に、献身的に、他者の創造力**を**解き放つように人を励ます美徳**です。

このような文脈から、活動家のパーカー・パーマーは次のような金言を述べています。

教師はまだまだ学生の自学自習を助ける大きな役割を果たせると考えています。教育は意図的な学習環境の構築であり、よい教育をするためには意志と行動の源泉を理解する必要があります[8]。

数学を効果的に用い、教え、あるいは学ぶには、力の力学をよく考える必要があります。ここでいう力学とは、相互作用する人々のことを意味し、権威を持つ人、自由を持つ人、制限された人、励ましを受ける人、自分を閉ざした人、社会に受け入れられた人、社会から除外された人（暗黙的あるいは明示的に）が含まれます。これらはすべて力に関わる問題です。力に関して自分の行動を導く単純な規範があるとすれば、「創造力は**人間の尊厳を高める**」という美徳でしょう。誰かに「力を与える」とは何を意味するのでしょう？創造的な人間としての尊厳を、彼らに認めることを意味するのです。

壊れた世界では、力は労せずして得られることが多く、それを善行に用いるであろう人々には必ずしも届かないということも、私たちは自覚しなければなりません。ですので、私たちは自分が力を持つにつれて、それを善いことに行使し、強制力ではなく、創造力を高めてゆく責任があります。創造力は単なる道具ではありません。物事を成し遂げるためだけに創造力を育むのではありません。創造力を育むことで、より善い人間になり、美徳を養い、すべての数学の空間で、あなた自身と周りの人たちの尊厳を高めるのです。

これまでに数回、あなたが私に電子メールを送ろうとしていたらしいことを今になって知りましたが、4月16日から私は独房（懲罰房）[a]にいたのです。この刑務所に来て以来、私は当局に対して、管理上の不服を申し立てていました。それが理由なのか、それ以外のことなのか分かりませんが、当局は私に対して事件を捏造して、ここに入れたのです。

2018年6月3日
クリス

a）これは独房監禁の口語表現です。この数カ月前、クリスと私は、刑務所の制約を受けた電子メールシステムを使って連絡を取っていました。何週間も彼からの音沙汰が途絶えたので、私は心配し始めました。この手紙で彼が連絡をくれてから、私たちは通常郵便での文通を再開しました。クリスは5カ月間を独房監禁状態で過ごし、他の受刑者たちからほとんど隔絶されていました。2018年8月、この扱いに抗議して彼は26日間のハンガーストライキを起こしました。この出来事が起こった刑務所は、パインノットや、彼が現在留置されている施設ではありません。

第10章 公 正

公正。
他人について、彼がそこにいるとき
（あるいは、私たちが彼のことを考えるとき）に読み取れることから、
かけ離れているのを認める準備があること。
あるいはむしろ、彼が明らかに何か違う、おそらく、
私たちが彼の中に読み取ったものとは全く違うということを、
彼の中に読み取ること。
すべての人は、違う存在として読まれたい、と心で叫んでいる。
シモーヌ・ヴェイユ

●中華料理店

私のお気に入りの中華料理店では、両親が作っていたような本場の料理が出ます。メイン・ディッシュを注文すると、ちょっとした前菜とデザートも出してくれます！　格安なので、前菜（パリパリ麺）とデザート（ゼリー）が本場のものでなくても文句はありません。

ある日私は、中国語を話す友人とその店に行きました。前菜が来たとき、それはパリパリ麺ではなく、美味しいキュウリのピクルスでした。とは言っても、私の友人が特別なリクエストをした訳ではありません。そしてデザートが来たとき、それは私が子どもの頃に大好物だった小豆のスープでした！　なぜこれまでは出されなかっ

たのでしょう？

私にはパターンが見え始めました。非アジア系の友人と行くと、パリパリ麺とゼリーが出されます。でもアジア系の友人と行くと、頼んでもいないのに、いいものが出ます。

そして、私の中国人の友人は、はるかにたくさんの本場の料理が載ったまったく違うメニュー（秘密のメニュー）も勧められていることに気づきました。私はレストランを見回して、奇妙な光景に目を見張りました。同じ空間にいる隣り合わせの人たちが、まったく違う経験をしているのです。非アジア系の人たちは通常のメニューを注文して、ゼリーを出されますが、アジア系の人たちは秘密のメニューから注文して小豆のスープを楽しみます。

「そのメニューに載っているのは好きではないでしょう」と私は言われました。私は中国系ですが、完璧な英語を話すので、本場の中華料理には興味がないだろうと給仕は考えていたのです。

家庭でもクラスでも、数学を行う空間が、このレストランのようになる可能性があります。秘密の数学メニューを覗き見することを許されるのは誰でしょう？　パズル、ゲーム、おもちゃなどの数学の愉しみを誰と共有しますか？　数学に関する情報の輪（ニュース、ビデオ、ソーシャルメディアニュース）の中に、誰を招きますか？もっと数学をする方向に誰を導き、誰に数学を諦めさせますか？私たちは、意識的にあるいは無意識的に、どのような仮定をおいていますか？

●数学の世界は公正？

明美は、彼女が学部生のときに一緒に研究した私の学生でした。彼女の革新的な論文は、ゲーム理論（意思決定の数学モデル）と系統学（生命体の間の関係に関する学問）を結びつけて、評価の高い数理生物学の専門誌に発表されました。彼女は数学の博士号を追究するために、上位の研究大学に進みましたが、1年後に彼女が退学したと聞いて、私は驚きました。

彼女はたくさん嫌な経験をしたことを私に話しました。彼女の指導教員は、彼女に会うことを疎ましく思い、彼女は女性として不快な経験をしました。以下は、彼女が話してくれた一例です。

> コースが始まると、私は宿題の課題で常に10点満点の評価を受けましたが、すべてTA[i]によって採点されていました。ある日、共通の友人であるジェフが、そのTAと出かけたときのことを話してくれました。解析のクラスについて尋ねられると、彼は、アケミという「やつ」について延々と喋り、「彼」の宿題がいかに完璧で、明晰に書かれているかを語りました。私が女の子であることをジェフが告げると、TAはショックを受けました(ジェフがこの話をしたのは、私の名前からは性別の分からない人が、そのことを知って大袈裟な反応をするのが面白いと思ったからでした)。その後、私の課題に対する評価は、10点満点からは程遠いものとなり、試験についても同様に手厳しい評価を受けました。減点された理由のほとんどは曖昧で、「もっと詳細を書くこと」などのコメントでした。私は教材に関する自分の理解が急速に、あるいは劇的に失われたとは感じませんでしたが、そうなのかもしれないと考えて、ただ状況を誤解していました。

この話を読んで何かがおかしいと感じたら、あなたが体験しているのは、豊かな生活の兆し、すなわち、公正への欲望です。公正は人間の持つ基本的欲望です。

公正とは、人々を公平に扱うこと、すなわち、それぞれの人に、

〔訳注 i〕教員をサポートし、授業の円滑化を図る大学院生。

与えられるべきを与えることです。不公正な扱いを受ける可能性の高い、力のない人々のために声を上げるのが、公正です。私自身の信仰も含めたいくつかの宗教では、孤児、夫に先立たれた女性、移民、貧しい人々への配慮が重要だと唱えられるのが伝統的です。数学のコミュニティーにも同様の構造があります。擁護者のいない人、数学的に活発な家族を持たない人、新参者、数学のリソースを持たない人、数学にアクセスできない人がいます。これらは数学の世界で、力のない人々です。

●あなたに偏見はない？

公正を、**基本の公正**と**是正する公正**の2つに分類する人もいます[1]。両方とも重要です。基本の公正とは、正しい関係性に関わるもので、各人を、尊厳と配慮を持って扱い、このような志を支える社会的な実践と機関を設立します。他人を公正に扱い、自分も公正に扱われれば、私たちの生活は豊かになります。

是正する公正とは、何か間違いのある点を見つけて、是正することを指します。基本の公正が普通のことになれば、是正する公正は必要ないでしょう。でも不公正は至る所に存在します。強制力を持った関係性は破壊的です。私たちも機関も気づかないうちに、微妙な不公平を助長しているかもしれません。

シモーヌ・ヴェイユは不公正を是正するには、他人に対する見方を変えなければならないことに気づきました。「すべての人は、違う存在として読まれたい（評価されたい）、と心で叫んでいる。」明美はTAに公正に判断されることを望みましたが、TAは自分のしていることに気づいてすらいなかったのかもしれません。これが「暗黙の偏見」の問題です。私たちの判断に微妙な影響を及ぼしているのは、無意識の固定観念なのです。明美のTAを批判する前に、他人をそれぞれが違う存在として読む問題は、自分自身から始まっていることに、私たちは気づかなければなりません。私は、自分の持っている暗黙の偏見を明らかにする診断テストを受けたことがあります。そうならないように努めていても、自分がどれだけ偏っていたのかが、説得力を持って示され、とても役立ちました[2]。

私たちはみな、暗黙の偏見を持っています。例えば、ほとんど同じ履歴書が2通与えられて、一方は肯定的な固定観念を持つ名前で、もう一方は否定的な固定観念を持つ名前（文脈によりますが、しばしば女性や少数民族に関わるもの）だったとします。このとき、肯定的な観念を持つ履歴書の評価の方が高くなることが、数多くの実験から確かめられています。たとえ審査員が否定的な固定観念を持つグループ出身の人だとしても、これは起こります。類似の研究によると、数学の成績は、教師や親の持つ固定観念と相関することが確かめられています。例えば、2018年に行われた小学生の算数テストの成績では、生徒の正体を知らない外部の評価者に比べて、教師たちは女子を低く（男子を高く）評価しており、この偏見の長期的な効果はその後の学習にも見られました。このような偏見を受けた女子生徒たちは、高校で数学の上級コースをとる可能性が低かったのです[3]。2019年の調査では、中学校で、性に関して強い固定観念を持つ教師の受け持ちになった場合、生徒たちの数学成績における性差は大幅に増大し、女子生徒たちは、自信を失い、成績も振るわず、安易な高校を自ら選択してしまいます[4]。親の態度と固定観念は、この問題をさらに悪化させます。これらの問題は、女性と少数派に偏って影響します。

●統計からみえる不公平な現状

数学が豊かな生活のためにあると考えるなら、あなたは数学の学びやキャリアの人口統計を見て、すべての人が豊かになる支援を受けていないことに失望するでしょう。人種や民族の違いを超えて、

STEM（科学、技術、工学、数学）を専攻しようとする大学生の割合は同じですが、過小評価された少数派がSTEMの学位を取得する率は、他のグループが取得する率の半分より少し多い程度です[5]。低所得の第一世代大学生[ii]が学位を取得する率は、第一世代ではない学生よりもはるかに低く、STEMの専攻でも同様の課題となっています[6]。博士後期課程のプログラムを中退する女性の割合は、男性よりも高くなります。STEMの教育課程を最後まで修了する学生の統計数は、上流の社会経済環境で育った白人男性が圧倒的です[7]。こうしてSTEMに興味を持っている多くの学生が失われていますが、その度合いは、社会の主流から取り残されたグループでより顕著なのです。ひどく不公平な状況です。

パーセントでこの話をすると、もはやゼロサムの世界[iii]に生きているかのようで、一人がSTEMの専門に進むと、もう一人は進めなくなるような状況です。この知見に反して、世の中ではSTEMへの依存度がこれまで以上に高くなり、数学のスキルを持った人が、劇的に多く必要とされています。米国大統領科学技術諮問委員会による「*Engage to Excel*（卓越への取り組み）」と題した2012年のレポートでは、STEM分野の優位性を保つには、次の十年間で、アメリカだけでSTEMの卒業生を、現在予想されているよりも百万人以上多く輩出する必要があると見積もられています。これは明らかな事実を強調しているだけにとどまりません。才能が見逃されて、すべての人に利益をもたらす発見をする人材が育成されなければ、私たち全員が損をすることになるのです。人々が潜在能力を発揮できなければ、その社会が豊かになることはないでしょう。

不公正を是正するためには、私たちを分断する可能性のある難題

〔訳注ii〕両親が大学学位を持っていない（大卒ではない）学生。
〔訳注iii〕合計するとゼロになり、一方の利益が他方の損失になる世界。

について話さなければなりません。人種、性別、性的嗜好、社会階級、都会と地方の格差、一部の人が数学で主流から取り残される要因などに関する話です。そのような会話は、複雑な感情を呼び起こします。私たちは、難しい話題について話し、互いの経験に耳を傾け、そこにある痛みを認識するようにしなければなりません。尊厳を持って他者を扱い、彼らが傷ついているなら、その痛みを無視してはなりません。「何か問題はない？」と問いかけるのです。

「私はすべての人を同じに扱うので、そんなことを考える必要はない」と言うのでは不十分です。なぜならどのようなコミュニティーでも、一人の行動が全体に影響するからです。主流から取り残された人には、「そんなことを考える必要はない」と言っている余裕はないのです。「そんなこと」が日々、私たちに影響しているのですから。

みなさんが相手の言うことに素早く耳を傾け、ゆっくりと話し、愚かなことを言ったときはすぐに互いを許し合うように、私は奨励します。会話を始めてください。もし間違えても、互いに寛大でありさえすればよいのです。話さないよりましです。

●中国系アメリカ人の私が得したこと、苦労したこと

人種にまつわる私自身の経験を話しましょう。私は中国系アメリカ人です。テキサス州のラテン系アメリカ人の暮らす地域に育ち、早くから自分の家族が友達とは違う慣習を持つことに気づきました。着ている服が違いましたし、お弁当に入っている食べ物が違いました。そしてこれらのことから私は孤立し、いつもいじめられていました。白人になりたいと思いました。アジア系アメリカ人で模範になる人はほとんどいませんでした。ジャーナリストのコニー・チャンがテレビに出ていると、母はいつも私にそのテレビを見せていたのを覚えています。メディアで私たちに似た風貌の人を見ることは

それほど稀だったのです。アジア系アメリカ人がニュースになると、父は新聞記事を切り抜いていました。私はアジア系であることを恥ずかしく思い、(白人には見えませんでしたが)一生懸命白人のように振る舞いました。これは私がアジア的なものを公然と否定していたことを意味します。中華料理には興味を示さず、中国の慣習について話さない一方で、髪や服装、言葉の訛りは友達に似せました。

ただし私は、中国のコミュニティーにも適合しませんでした。私は中国語を話しませんし、中国人のような振る舞いもしません。中華料理店で私は、白人のように見られます。秘密のメニューを手にしたことはありません。私のようなアジア系アメリカ人は、2つの文化の間で生活しているように感じ、常によそ者扱いされ、どちらかに適合することはありません。

アジア系だったことで得したこともあります。人々は、私がアジアの血を受け継いでいるから数学ができると考えました。数学のクラスを履修するのを誰かに止められたことはありませんし(私の女友達は止められました)、数学の会議に所属しているか聞かれたこともありません(アフリカ系アメリカ人の友達数人は聞かれました)。私はこのように得をしましたが、一方でアジア系の友達の何人かは、このような固定観念から自分が外れているのを恥ずかしく思っていることも知っています。

私が初めて自分を少数派と感じなかったのは、アジア系アメリカ人がたくさんいるカリフォルアに引っ越したときでした。テキサスでは、次のような善意からくる質問をよくもらいました。「あなたは英語がとても上手ね!どこから来たの?」私が「テキサス」と答えると、「そうではなくて、あなたの本当の出身はどこなの?」という言葉が必ず返ってきます。このようなことはカリフォルニアではそれほど起こりませんでしたし、棘のある言葉に反論しなくてもよい、自由の感覚がありました。

最近では、数学の会議に出席して、たくさんの白人の面々を見るのにも慣れました。ですので、私がアメリカ数学協会の会長に選出されたとき、「怒れるアジア人」というハンドルネームで、アジア系アメリカ人に関する人種問題を取り上げる著名なブログ作者が、このことに関する記事を書いたときには、私も少し驚きました。

怒れるアジア人は、アメリカ数学協会のインターネットサイトで過去100年間の歴代会長の写真を閲覧し、それなりの数のアジア系数学者が会長だったことを期待していたのに、私以外はすべて白人だったことに驚愕して、「数学のできるアジアの男、ついに現れる」と題したブログ記事を載せました[8]。

私は有色人種として初めてアメリカ数学協会会長になりました。よきリーダーを考えるとき、アジア系を含めた少数派は見逃されがちです。このような考え方は国際的ではありませんが、さまざまな役職に誰が適しているか聞かれたときに私たちがすぐに思い浮かべるのは、すでにその職務を果たした面々に似た人たちです。ここで忍び込むのが、暗黙の偏見です。多様な人々を登用し、新しい専門知識や新鮮なアイデアを引き出すことで得られるものがどれだけ大きいか、私たちは気づいていません。そのような人たちの声が届かないことで、数学の分野自体もより貧しくなります。数学教育の教授であるロシェル・グティエレスは、単に人々が数学を必要としているからではなく、数学が新たな方向に成長してゆくために、多様な人々が必要であることを喚起しています。「自分の人生に数学があることで恩恵に預かる人たちがいると通常は考えられますが、それに対して、これらの人々が分野に入ってくることで、数学の分野も恩恵を得るのです。」[9]

私がこのような議論をしているのは、数学の探究者たちが所属するあらゆるコミュニティーに深い愛着があるからです。数学の世界が、さまざまな異なる背景を持つ新参者たちを歓迎して、豊かになって欲しいのです。私たちはもっと上手くできるはずです。

暗黙の偏見に陥る以外にも、数学のコミュニティーが人々を不当に判断する場合があります。

●成績では数学の能力は測れない

私たちは、学生の数学的な将来性を成績で測れると仮定します。これが正しい仮定ではないとする理由はたくさんあります。かつての私は、学部のコースでB評価を受ける学生は、大学院で成功しないのではないかと心配していましたが、博士の学位を取得して、数学者として開花した学生をこれまでに大勢見ました。

成績は進展の度合いを測るものですが、将来性を測るものではありません。数学の知識においては、誰もが異なる状況にあります。あなたが見ているのは瞬間のスナップショットであって、軌跡を見ている訳ではありません。人々が将来どのように活躍するかは分からないのです。それでも私たちは、彼らが目指しているところに行く手助けをすることはできます。誰かが数学で困っているときには、期待値を下げるのではなく、もっと支援するべきなのです。

なぜ学生が数学的に振るわないのか、私たち自身の経験に基づいて仮定を置くことは簡単ですが、自分が経験したことのない別の理由は想像できません。誰かが直面している個人的な問題についても分かるとは限りません。ある学生は、両親が英語を話さないため、学費援助申請書を埋めるのに数時間掛かったと私に涙ながらに話しました。移民の家族は、彼女が毎週末を家で過ごすことを期待していましたが、その家は宿題ができるような環境ではありませんでした。大学には不文律がたくさんあり、彼女にはカルチャーショックでした。この生徒はたくさんの複雑な現実を乗り越えていました。このため、彼女の成績は、ベストを尽くしたものとは言えませんでした。

クリストファー・ジャクソンにも複雑な現実がありました。刑務所で数学を学びながら、彼はほとんどの時間を他の人たちから孤立していました。彼は10年かそれ以上、学校に通っていませんでした。彼は、数学を勉強し、表現する方法を独自に発展させていました。私がかつて行っていたのと同じように、数学のやり取りをすることを彼に期待するのは非現実的でした。伝統的な方法では、彼の真の数学知識は測れないと思いました。

出来の悪いことを言い訳に、生徒のチャンスを奪ってはなりません。K–12の学校[iv]では、能力別学級編成が行われる所もあり、成績の低い学生は先行きのないコースに振り分けられますが、これはとても不公平です。低い学級に割り振られた生徒には偏見が入り込みます。このような生徒たちが割り振られたコースでは、大学やキャリアに向けた準備ができず、経験不足の教師たちにしか相手をしてもらえません。もの作りや意味作りを行う豊かな活動ではなく、丸暗記の練習課題が与えられます。彼らが数学で頭角を現すことは不可能です。能力別学級編成は強制的なもので、止めるべきです[10]。

●文化が数学の学びに影響する？

私たちは、数学の学びに文化は関係ないと考えがちです。特にあなたが非主流派に属していないなら、そう考えるのはもっともです。ですが文化の違いで生徒の知識を不正確に評価してしまうことがあるのです。ある数学者の友人は次のような例を紹介してくれました。

> ある試験で私は、「この都市には、何人のピアノ調律師がいるか推定せよ」という、古典的なフェルミの問題[v]を出しました。

〔訳注iv〕幼稚園の年長から高校卒業までの13年間を一貫教育する機関。
〔訳注v〕実際に調べることが難しい量を、いくつかの手掛かりを元に推論し、概算する問題。

賃貸調和

数学のコミュニティーにおける公正な振る舞いについて話をしたところですが、数学を用いて公正の概念を研究することもできます。数学と経済学が交わる領域に、「公平分割」と呼ばれる、複数人で物事を公平に分ける方法に関する問題があります。原型となる問いは、「ケーキを公平に切り分けるにはどうすればよいか?」です。人の好みを集合や関数でモデル化する部分に数学は関わっています。私がこの分野の研究を始めたときに出くわしたのは、このような問題です。

> あなたは友達と一緒に家を借りることに決め、候補の家を見つけました。でもその家には、大きさと特徴の異なる部屋があり、あなた方の好みは違います。各人が別々の部屋を欲しくなるように部屋を分けて、値段を付けることは常に可能でしょうか?

答えは、緩やかな条件下で、イエスです。私が1999年に証明した結果が以下です。

賃貸調和の定理

以下の条件が成り立つと仮定します。

①（よい家）どのような貸家にも、各人が許容できる賃料の部屋があります。

②（閉鎖的な好み）たとえ賃料が変更になり、賃料分割の限界に近づいても、ある人がある部屋を好む場合、その人は、限界賃料でもその部屋を好み続けます。

③（不幸な賃借人）人は、有償の部屋よりも無料の部屋を常に好みます。

このとき、各人が別々の部屋を欲しくなるような部屋の分割法が存在します。

この証明には、幾何学と組み合わせ論のアイデアが用いられ、貸家の公平な分割を見つける手順が与えられます。ニューヨークタイムズの記者が、彼の貸家分割問題に私の手順を用いた際に、そのことについて記事の中で触れ、この手順を実装する対話型のアプリを公開しました。このWebアプリを試してみてください[a)]。

ところで、不幸な賃借人の条件を外しても、定理は成り立ちますが、負の賃料を許容する必要が出てきます。つまり、答えはそれでも見つかるのですが、一緒に住んでもらうために誰かにお金を払う必要があるかもしれないのです！

a) 賃貸調和の結果は、〔F. E. Su, "Rental Harmony: Sperner's Lemma in Fair Division," *American Mathematical Monthly*, 106（1999）: 930-942〕に掲載されています。ニューヨークタイムズの記事は、2014年4月28日付けのアルバート・サンによる"To Divide the Rent, Start With a Triangle（貸家を分割するには、三角形から始めよう）"
https://www.nytimes.com/2014/04/29/science/to-divide-the-rent-start-with-a-triangle.html
です。対話型のWebアプリは以下にあります。
https://www.nytimes.com/interactive/2014/science/rent-division-calculator.html

ある生徒がタイミングよく手を挙げて、私にささやきました。「調律師は機器ですか、それとも人ですか？[vi]」 ギターの演奏者と同様、ピアノの上手な人は、自分でピアノを調律するだろうと思った生徒もいました。ピアノの調律師は楽器屋で働いて

〔訳注vi〕原文の"piano tuner"の単語は、調律師ともチューナー機器とも解釈できます。

いると考えた生徒もいました。ピアノはどの程度の頻度で調律しなければならないのか、あるいは、ピアノを調律するのにどれ位の時間がかかるかという感覚を持っていた生徒はほとんどいませんでした。数学的だと思えても実際には、さまざまな文化や経験が関わってくる課題があります。そのような課題に取り組むのに、これまでの経験がいかに重要な役割を果たすかに、私はこの例で気づきました。

私の家にピアノはなかったので、私もこのように当惑する生徒の一人だった可能性があります。では、必要な文化経験をしてこなかった生徒が、いつもこのような障壁にぶつかっている様子を想像してみてください。彼らは自分がそこに属していると感じるでしょうか？　文化的な障壁は避けられませんが、そのことに気づいていれば、その効果を和らげることはできます。

数学教育の教授であるウィリアム・テイトは、アフリカ系アメリカ人の子どもたちが数学を学ぶ際に、白人中産階級を基準にした指導に直面して、このような経験をするのはよくあることだと指摘しました。彼は、公平な教育を行うには、教授法をアフリカ系アメリカ人の生きた現実に結びつけなければならない、と主張します[11]。彼は、生徒の文化やコミュニティー経験の視点から、問題解決を中心に考えるよう推奨しています。そして、同じ問題が、クラス、学校、社会の他のメンバーの視点からはどのように見えるかを考えるように奨励します。例えば、ピアノの調律師に関する問題では、生徒が日々の生活に関連する主題を選び、その主題について推定する問題として捉え直せばよいのです。

●どうして数学の勉強をしてはいけないの？

私たちは、特定の人たちが数学では大成しないだろうと仮定して、彼らを数学から遠ざけます。「そのメニューにある料理は好きではないでしょう」と私が言われたのと同じです。でも、数学が豊かな人生のためにあると信じるなら、どうしてそんなことをするのでしょう？

2015年にMSRI-UP（数理科学研究所の学部生向けプログラム）を運営したのは、私にとって嬉しい経験となりました。これは、過小評価される背景を持つ、ヒスパニック系、アフリカ系アメリカ人、および、第一世代の大学生に向けた、夏季の研究プログラムです。プログラムが終わった後で、私は彼らに、数学をする中で直面した障壁について尋ねました。プログラムで素晴らしい成果を上げた1人は、大学に戻った後に解析学のコースで経験したことを話してくれました。

> 本当に厳しいクラスでしたが、教授から受けた屈辱の方が嫌でした。彼は、数学を学ぶには私たちの能力が低いと感じさせ、もっと「安易な」他の専門に変えるように、とさえ言いました。

このような経験をした結果、彼女は専攻を工学に変えました。

はっきり言わせてください。誰かに数学をするべきではないと言うのに十分な理由はありません。それは彼女が決めることで、あなたの決めることではありません。彼女に何ができるのか、あなたは知らないでしょう。今や数学の教授となった私の友人の1人は、学生のときに起こった次のような出来事を話してくれました。

> この教員は、「親切心から言うと…」、という言い回しで私との個人的な会話を始め、次に、私の数学経歴は、必ずしも抜きん出たものではない、という懸念を述べました。その時以来の私の成績は、それほど悪いものではありませんでした。公正を期すと、その教員は後で私を探し出し、そのような批評をしたこ

とを謝罪したことを付け加えなければなりません。私はその人を友人と考えていますが、大学院生の教育プログラムの仕事をするときには、「親切心から言うと…」で始まる会話は、まず親切なものではないということを強調するようにしています。

私の友人の現在を見てください。数学者として成功しています。そのような発言に、個人の偏見や限られた情報を安易に反映させるべきではありません。

MSRI-UP 出身の別の生徒であるオスカーは、同級生とは違い、彼の出身のせいで、早期履修単位なしで、数学を専攻した経験を語ってくれました。

けれども、複素解析のコースで私は、自分の辿ってきた軌跡がどれだけ違うかに気づきました。ある生徒が黒板で、やや複雑な導出を必要とする解答を発表している途中でした。彼は、「この代数計算は飛ばしていいでしょう…いずれにせよ、ここにいる人はみんな、微分積分の試験を終えていますから！」と言って、たくさんの手順を省略しました。教授は頷いて同意し、笑っている生徒もいました。私は自分が微分積分のコースをとったのはそのクラスが最初だった、と遠回しに述べました。教授は純粋に驚いて、「あら、それは知らなかった！　面白い」と言いました。私は自分が、最初から優秀な数学の経歴を持つ、「典型的な数学専攻の生徒」ではないという事実を、誇りに思ってよいのか、恥ずべきなのか分かりませんでした。このような出発点に臆することなく、数学の学位取得を目指している自分を誇りに思いましたが、始めるにあたって、そのクラスには属していないかのように感じざるをえませんでした。

オスカーが手始めにそのクラスを履修したのは、もう一人の教授の積極的な支援があったためでした。オスカーは言いました。

> 彼女は私に最初の研究をする機会を与え、高等数学を勉強するように励ましてくれました。私も、数学の学びで、少数派だったことに起因するたくさんの内的な葛藤を経験したことを、彼女に打ち明けることができました。それができたのは、彼女自身も女性として、類似の経験をしていたからです！　私の複素解析を担当した教授は、私の指導者の一人にもなりました。あの状況における彼女の反応が私を傷つける可能性があったことに（私は必ずしも彼女の過失だとは思いません)、彼女が気づかなかったのは面白い瞬間でした。数学の経歴が浅く、少数派だったことで私が抱いていた不安に、彼女の反応が突き刺さったと言った方がよいかもしれません。

実際には、オスカーの経歴は「浅く」はなく、標準的でした。嬉しいことに、オスカーと彼のチームは、夏季プログラムの研究成果を論文発表しました。彼は今、大学院で学んでいます。

オスカーの話を聞くと、擁護者、つまり、「あなたのことを見てるよ。あなたはきっと数学で活躍できる」と言ってくれる人がいることの重要性が分かります。あらゆる人にとってこのような励ましは助けになりますが、繰り返し余所者扱いされてきた非主流派の人たちには、とりわけ重要な存在です。あなたはそのような擁護者になれますか？

私たちは、経歴の浅い人々を不利な状況に立たせたり、居場所がないように感じさせるような学習の構造を作らないように配慮しなければなりません。私がハーバード大学で教鞭をとっていたとき、通常の微積分クラスに加えて、「数学25」と呼ばれる上級クラスがあった上、極めて優秀な経歴を持つ生徒たちには「数学55」と呼ばれる超上級クラスがありました。皮肉なことに、超上級クラスに入れなかったという理由で、**自分が数学専攻に属していないと感じる上級クラスの学生**に私は遭遇しました。私は彼らに、「経歴は能力と同じではない」、と安心させ続けなければなりませんでした。大学や大学院の入学者選抜の関係者も、このことを覚えておいてほしいです。数学者のウィリアム・ベレスは大学院レベルの障壁についてこう述べています。「数学で重要なのは創造力ですが、私たちが評価しているのは生徒の知識です。大学は出願数を抑えるために、障壁を設けており、それは機能しています。一流大学に少数派の学生は僅かしかいません。」

●すべての人に秘密のメニューを！

公正を追求することは、数学を学ぶ意欲となり、力の弱い人たちが数学を学ぶ空間に存在する不公正を是正する動機を与えてくれます。力の弱い人たちとは、擁護者を必要とする「孤児」、数学のコミュニティーを必要とする「夫に先立たれた女性」、数学を初めて学ぶ「移民」、機会の障壁に直面する「貧しい人々」です。数学で公正を追求する人に養われるのは、**非主流派の人たちに共感し、抑圧された人たちを気遣う**美徳です。力のない人たちの世界に目を向けるまで、彼らが常に抑圧の重荷を背負っていることに、私たちは気づかないこともあります。力のある人たちは、力のない人たちを支援しなければなりません。

数学教師のジョシュ・ウィルカーソンは、サービス・ラーニング[vii]のプロジェクトで、AP 統計学[viii]のクラスを教えています。このクラスでは、テキサス州オースチンのホームレス支援活動と提携し

〔訳注vii〕学生が教室で得た知識や技能を、地域の社会活動に活かすことで、その社会的役割を感じとる教育。

〔訳注viii〕AP は、大学レベルの内容を高校時点で学べる仕組み。

て、調査研究やデータ解析を行います。生徒たちはホームレスに関する、数学とは関係のない読書をたくさん行い、人々がホームレスになる理由について、自分の立てた仮説を分析します。彼らは調査も実施し、ホームレスだった人たちと直接対話します。「あらゆるデータ点の背後には人がいて、その人には物語があり、その物語が重要なのだということを彼らに認識してほしい」とジョシュは言います。

公正を追求することで、**現在の体制に挑戦する気持ち**が、私たちの中に醸成されます。多くの不公正は、学校であれ、職場であれ、家庭であれ、その機関の運営方法に深く埋め込まれています。いつも違うメニューを受け取っていながら、誰も文句を言いません。長年続いている不公平は、認識するのが困難です。なぜなら私たちは、その中で活動し、ずっとそのやり方でよいと思ってきたからです。各人を、尊厳を持って扱い、数学の空間で配慮するために、荒野に鳴り響く声を上げなければなりません。

私は秘密のメニューがもはや秘密ではなくなる日が来るのを夢見ています。すべての人が自分の数学の嗜好を追求するように励まされ、彼らが数学料理の食通か、あるいは料理人にさえなれる日が来ることを。

ここにいる私を電話で呼び出してくれてありがとうございます。外で皆さんがしてくださっていることは、本当に効果を出し始めていて、私はもうじき出ることができるでしょう。8月31日付けの手紙を受け取りました（8月16日から28日まで私は医学的管理下に置かれたため、その間の郵便は受け取っていませんでした）。このメッセージは電子メールで送りたいと思います（私は24日間のハンガー・ストライキを行っていて、この5日間に3回、部局長と接見しました。それまでは1カ月半もの間、彼に会わなかったのにです）。当局は結論に達したらしく、もうすぐこの問題は終わるでしょう。明日になれば分かります。

あなたから学んでいる重要なことの1つは、数学はアイデアを追い求めるもの、ということです。数学の内側にあるアイデアだけでなく、数学と平行したアイデアもあるのです。（これから本題からそれます。）私は、自分がアイデアの領域に最初に入り込んだのを覚えています。私は16歳でグループ・ホームにいました。当時のケースワーカーは私に3冊の本をくれました。その1つが孫子の『兵法書（原題：*The Art of War*）』でした。題目で拒否反応を示す人もいるでしょうが、偉大な本で、対立を解決する方法を、哲学的なレベル、あるいは形而上学のレベルで述べています。内的な対立、外的な対立、個人の対立、個人間の対立など、なんでも含まれます。これらの本は、私の哲学への興味に火をつけ、それから、政治、経済、ビジネスへと移り、徐々に数学に戻ってきました。(2018年9月9日：2018年9月7日に私はハンガー・ストライキをやめました。私は他の施設に行くように指示されました。今週、ここをバスで出発することになります。まだ絶食していたときにこの手紙を書き始めたのは、書きたいことがあったからですが、平均血糖値が65近くまで下がったので、難しくなりました)。

私はさまざまな新しいアイデアに遭遇したことで、分野内のアイデアか、分野を横断したアイデアかにかかわらず、主要なアイデアに気づくようになりました。順序、関係、構成、構造、過程…などです。

あなたから数学はアイデアを追い求めることと学びましたが、そのことから質問したいです。数学はこれらのアイデアを統合すると思いますか？

2018年9月5日
クリス

第11章 自由

どんな教師も子どもを教室に連れて行くことはできるが、
すべての教師がその子に勉強をさせられるわけではない。
忙しくても静かにしていても、
子どもは自由が与えられていると感じない限り勉強しないだろう。
嫌な課題を自分の意思でこなし、
教科書の退屈な日課をどんどん進める前に、
子どもは、勝利の興奮や気がめいる失望を感じなければならない。
ヘレン・ケラー

自由であるためには、
すべての人に非常に大きなものが要求される。
自由には責任が伴う。
エレノア・ルーズベルト

●開かれていなかったビーチ

私はそのときの状況にぴったりの話題を選んだつもりでした。私の前に集まっていたのは、ロサンゼルス近郊の貧困地域に住む、ラテン系アメリカ人やアフリカ系アメリカ人の熱心な子どもたちでした。土曜の朝、私は、ボランティアが子どもたちに本を読み聞かせるプログラムに参加していました。私が選んだのは、ビーチに行くことが楽しく彩られた絵本でした。きっと喜ばれるだろうと思いました。でも数ページを元気に読み上げたところで、子どもたちが私ほどには夢中になっていないことに気づきました。

一呼吸おいて私は尋ねました。「この中でビーチに行ったことのある人は何人いますか？」

そこから海まではたった15マイルしかないにもかかわらず、驚いたことに、８人中１人の子どもしか手を挙げませんでした。ビーチに行くのは、カリフォルニアの典型的な行楽ではなかったでしょうか？

思い返すと、低所得区域では、親は家計をやりくりするために複数の仕事を掛け持ちしていることが多く、海岸までドライブする時間やお金がないであろうことに気づきました。そして、アフリカ系アメリカ人の友人にこの話をすると、ジム・クロウ法[i]のために、南部だけでなく、ロサンゼルスを含めた全米で、アフリカ系アメリカ人は、ビーチや水泳プールから組織的に排除されていることを説明されました。私はこのことに全く気づいていませんでした。

ああ、私は、この子たちをビーチから遠ざけている、重要な、歴史的、文化的、経済的な文脈を見逃していたのです。このことで私は、自分の生徒たちに数学を追究することを奨励する方法について再考させられました。私が気づいているべき文脈で、見逃しているのは何でしょう？　どのような原体験が彼らを形作ったのか、あるいは形作っているのか、そして、それらは数学を学ぶ障害になっているのか、あるいは数学を学ぶ機会を与えているのでしょうか？数学を追究するために活かせる彼ら独自の強みは何でしょう？　そして、数学の空間は、ビーチのように、「万人に開かれている」と謳いながら、まだ限定されているように感じられるのはなぜでしょう？

〔訳注ｉ〕19世紀末から20世紀前半にかけてアメリカ合衆国南部に存在した、人種の物理的隔離に基づく黒人差別の法体系。

私にとってビーチは、数学をすることの証である、さまざまな**自由**を象徴するものになりました。一部の人たちには届けられ、その他の人たちには否定される自由です。すべてのビーチでそうであるべきように、私たちがこれから議論する自由は、すべての数学の空間に存在するべきです。数学を経験する幸運に恵まれた人にとって、このような自由は、数学をする魅力の一部です。反対に、これらの自由を否定することは、多くの人が数学に恐れと不安を抱く要因になります。

自由は人間の持つ基本的な欲望です。自由は人権運動の歴史の背後にあった中心的な考えであり、人々の豊かな生活の印でした。私たちが追求する自由には、大きな柱があります。フランクリン・ルーズベルト大統領が、万人が持つべきであると唱えた4つの自由、すなわち、「表現の自由」、「信仰の自由」、「貧困からの自由」、「恐怖からの自由」です。小さな柱ではあっても同じように重要と感じるものに、「時間の自由」や「決断の自由」があります。

数学をする上で中心的な役割を果たす5つの自由について強調しておきましょう。**知識の自由、探究の自由、理解の自由、想像の自由、歓迎の自由**です。数学の探究者として、あなたはこれらの自由を自覚していなければなりません。そうすることで、これらの自由を自分のために要求できますし、あなたの巡り合うすべての人が、これらを満たすように望むことができます。

●選択肢を知らないことは、不自由と同じ

知識の自由は、過小評価されがちです。知識の自由を持っていれば、それは当然のことと考えられ、持っていなければ、何が失われているのか全く気づかないからです。あなたがビーチの自由を経験したければ、あなたはビーチについて知っていなければなりませんし、それによるたくさんの遊び（泳ぎ、サーフィン、ダイビング、

日焼け、ピクニック、バレーボールなど）が選択できることを知らなければいけません。これらはビーチに行ったことのある人には明らかですが、ビーチについて教えられたことがないか、誰かから止められているために、そのことを知らない子どもなら、そこに待ち受けている喜びを知ることはないでしょう。

数学においても、知識の自由は基本です。問題を攻略するのにたった1つしか方法を知らなければ、あなたの力は限られています。あなたの方法は、特定の問題には機能しないかもしれないからです。でも、いくつかの戦略を持っていれば、一番単純か、あるいは、目からうろこが落ちるような選択肢を選ぶ自由があります。数学を勉強すれば、問題に対して複数の解法を身につけることができます。

数学者のアート・ベンジャミンは人間計算機です。彼は、5桁の数の掛け算を暗算できます。これはすごいと思うかもしれませんが、彼にとっての数学の楽しみは、計算にはありません。彼の楽しみは、計算する戦略を複数通り考えて、最もうまくいく方法を選ぶことにあります[1]。私は彼ほどには習熟していませんが、そのようなスキルを使って計算できます。例えば、33×27を暗算したいとき、4通りが考えられます。

標準的な方法としては、30個の27と3個の27を計算して、足し合わせます。つまり、(30×27)+(3×27)=810+81=891です。頭の中ですべての途中計算をするのはそれほど簡単ではありません。

あるいは、27を3×9と因数分解して、33にまず3を掛けて、得られた積に9を掛けます。つまり、(33×3)×9で、変形すると99×9=(100×9)−(1×9)=900−9=891となります。これは標準的なやり方よりも簡単に見えます。

あるいは33を3×11と因数分解して、27にまず3を掛け（すると81です）、次にその積に11を掛けます。したがって、81×11となり、11の掛け算の近道を知っていたら簡単です。つまり、8と1の桁をとり、その和である9を間に挿入して891を得ます[2]。

あるいは、$(x-y)(x+y)=x^2-y^2$という代数の式が役に立つかもしれません。27＝30－3と33＝30＋3が分かれば、求めたい積の27×33は単に$30^2-3^2=900-9=891$となります。

この計算を素早くするように問われたら、私は、自分の手持ちの戦略の中から、この問題を攻略するのに一番のものを選ぶでしょう。私にはそれが究極の手段になります。知識の自由があれば、私たちは豊富な戦略を手に入れることができます。

知識の自由に関する私の考えは、クリストファー・ジャクソンに啓発されました。彼は以前に、「自由とは、自分の使える選択肢をすべて知っていることだ」と言いました。彼は刑務所でチェスをしているときに、このことを理解しました。対戦相手は、チェックボード上のあなたの選択肢を制限することで、あなたを支配し、制御できる、ということをクリスは次のように記しています。

> 盤のどの位置からでも、どんな状況でもよい手を指せるのが、スキルのあるチェス競技者の証です。自分の選択肢に気づかない人は、形勢の悪い競技者のようなものです。自分の打てる有利な手があるのにそれに気づかないのは、その選択肢が存在しないようなものだからです。孤立したキングに対して、ビショップを2個持っていても、2個のビショップでチェックメイト[ii]できることを知らずに、ステイルメイト[iii]になるようなものだからです。でもこの人が、2個のビショップでチェックメイトできることを教われば、彼はこの状況を勝ちと常に認識できるでしょう。そして、私の考えではこれが、成功への道筋を認識できるところまで人を導く、教育の大事な架け橋なのです…

〔訳注ii〕相手のキングを王手詰めすること。
〔訳注iii〕動かせる駒がなく引き分けになること。

教育によって「自分の視点を登る」ことで、私たちは自分自身を超え、他人が同じことをするのを助けることができるのです。

知識の自由は、私たちすべてに対して、大きな教育的役割を果たし、豊かな生活への筋道を認識できるところに導いてくれます。

●一方通行の学びと双方向の学び

数学の学びに不可欠な二番目の基本的な自由は、**探究する自由**です。広大なビーチには、貝殻、波音、地中に埋められた宝物などが溢れています。数学の学びもビーチのように、想像力、創造力、喜びを刺激する、探究の場であるべきです。でも、このような自由を与えない教育スタイルもあります。私の母と父の数学の教え方の違いについて考えましょう。義務と探究の違いを際立たせる学びです。

私の両親は、幼い頃から私に数学を学ばせたかったので、学校に上がる前から、父は私に数と算術を教えました。父は仕事で忙しかったので、分厚い足し算のワークシートを与えて、私に専念させました。私はそれらを義務としてこなしましたが、あまり楽しくはありませんでした。「これをもう一度やること。全部正解するまで外に遊びに行ってはいけない」と彼は言ったものでした。

父のアプローチは一方通行の情報伝達でした。彼は何をするべきかを示しましたが、ワークシートは私に一人でやらせました。私は彼の教えてくれた算術の規則に従うだけで、それを理解していないこともよくありました。10より大きい数を足し合わせるのに、「繰り上げ」を習いましたが、自分が何をしているか分かっていませんでした。私はレシピに従っていただけです。そして父の賞賛と報酬は、いつも私の出来と結びついていました。公正を期して言うと、彼はよい父親でしたが、アジア系アメリカ人の移民の家族にあって、満点以外の試験答案は、私には恥ずべきものでした。これでは自由になれません。

対照的に、私の母のアプローチには双方向性がありました。私たちは、数を使った思考力とパターン認識力を育むゲームで一緒に遊びました。彼女は私と共に座り、数え上げの本を一緒に読みました。私たちの読んだ本にも双方向性があり、不思議と喜びに溢れていました。多くの疑問を引き出す内容です。例えば、どうしてドクター・スース[iv]のキャラクターには11本の指があるのでしょう？　片手に5本指、もう片手に6本指を期待するかもしれませんが、そうではなく、4本と7本の指なのです！　このように空想的で不思議なキャラクターは、さらなる想像を呼び起こします。母と一緒だと、私には探究する自由、質問する自由、馬鹿馬鹿しい考えをする自由がありました。質問をしたり、想像力に富んだ考えをすると褒められました。

より高いレベルの学習でも、この自由は、数学にとって重要です。高校3年生のとき、私はオースチンにあるテキサス大学で開講されていた、入学希望者のための講義に出席しました。講義の話題は無限に関するもので、講師は数学科教授のマイケル・スターバードでした。彼の授業スタイルは、高校で私が経験したどんな授業とも違っていました。それはとても双方向的で、私たちを一緒の探究に招くかのように、彼は常に聴講者に質問していました。私はそれまで、300人全員が熱心に注意を払う教室にいたことがありませんでした。このような交流は、**アクティブラーニング**として知られる教授法の好い例です。この講義が終わって私は考えました。「ワオ！　ここの授業がみんなこんなだったら、大学は楽しくなりそうだ。」

そこで私はテキサス大に入学しました。微積分の科目履修を免除された[v]私は、自分は数学が「できる」と考え、続きのコースに飛

〔訳注iv〕アメリカの絵本作家。

び込みました。それは伝統的な講義スタイルで、教授はあまり交流することもなく、私たちはノートをとりました。一日目に彼は、私がそれまでに見たことがなく、コースの履修要件にも入っていなかった、行列について話し始めました（行列は、数字の配列のことで、通常はこの授業の後で議論されます）。次に彼は、**行列の指数関数**を計算し始めました。これは e の数に対して、数字の配列を、指数として書き表したことを意味します。私にとってそれは、カテゴリーの混乱でした。アボカドで歯磨きをしたり、猫を財布に入れるようなものです。

私は周りを見回して、自分以外は何が起こっているか分かっていると想定しました。誰も質問しませんでしたし、教授も質問を受け付けていなかったため、私はおじけづき、怖くて質問できませんでした。フォントキーが引っかかった壊れたキーボードのように、記号が飛び交っていました。私は義務のようにノートをとりましたが、自分が何を書いているのか、全く分かりませんでした。そしてそれが授業の初日でした。学期を通して、私はついていくのに必死でしたが、理解はずっと2週間遅れたままでした。これでは宿題と試験をこなすのに十分な速さとは言えず、自分の分からない答えを推測していることが多々ありました。私は他人が動かす回し車を走らされるハムスターのようで、ミスを犯して振り落とされ、大学最初の数学クラスで成績が振るわないことを恐れていました。これは自由ではありませんでした。

●間違っても恥ずかしがらなくていい

以上の話から、数学が与える三番目の自由、すなわち、**理解の自由**の重要性が分かります。自分が理解しているかのように振る舞い

〔訳注ｖ〕試験を受けて合格すれば、当該科目の履修が免除される制度。

ながら一生を過ごすなら、あなたはずっと、自分の理解していない物事の奴隷になります。自分以外は何が起こっているか理解していて、自分はそこに属していないと考えれば、あなたは自分を偽者のように感じ続けるでしょう。対照的に、真に理解するとは、公式や手順を思い出すのにあまり頭を使う必要がないことを意味します。なぜなら、すべてのことが意味を持って合致するからです。数学の教育は、この自由を抑制するのではなく、促進するべきですが、たとえ自分の受けている教育がそうなっていなくても、私たちは学習者として、深い理解に向けた努力をしなければなりません。

この最初のコースをとった後、私は数学を専攻しようとは思いませんでした。でも、もう一度試してみようと決心しました。もっと双方向的で近づきやすい教授のコースを履修して、自信を取り戻し始めました。そして翌年、スターバード教授のコースを履修しました。主題は位相幾何学でした。これはモノを引き伸ばすための数学です。もう少し正確に言うと、連続的に変形しても変わらないような、幾何学的な物体の性質に関する学問です。このため、「ゴムシートの幾何学」と呼ばれることもあります。このコースでは、絵を描くことがとても重要で、数は存在しないも同然でした。

嬉しかったことにスターバードは、「探究学習」の形式で教えていました。講義はありませんでした。代わりに私たちには、定理の一覧が与えられ、定理の証明を自分で発見することに挑戦させられました。彼との意思疎通と、学生同士の意思疎通を通して、私たちは、自分のアイデアを提示し、同級生による建設的なチェックを受けることを学びました。でも、このコースを背後から支えたのは、このような授業形態を使って、これまでとは違う行動様式を奨励する、教授のやり方でした。彼は、質問が賞賛され、普通と異なるアイデアを歓迎する環境を作りました。彼は私たちに、探究の自由を与えていたのです。

他者との関係が、私たちの探究の中心にありました。この環境で私たちは、恥じたり評価されたりすることなく、「自分の証明は間違っている」ことを公にする方法を学んでいました。実際のところ、間違った証明には、常に喜ばしい側面があります。なぜなら、間違いに気づいた私たちは微妙な点を理解していて、それがさらなる研究に向けた踏み台になるからです。

私は、アクティブラーニングを使って、この種の文化をより伝統的な講義形式で発展させる教授たちも見ました。そのようなクラスでは、毎日がドクター・スースの詩のように驚きと不思議議に溢れ、想像力に富むことが賞賛されます。

●無限に広がる想像の世界

数学に存在する四番目の自由は、**想像する自由**です。探究がすでにそこにあるものを探すことなら、想像は新しいアイデア（あるいは、少なくとも自分には新しいアイデア）を構築することです。海岸で砂の城を建てたことのある子どもならだれもが、砂のバケツには無限の可能性があることを知っています。同じように、19世紀後半に行った革新的な仕事で、無限の性質について、最初に明確な描像を与えたゲオルク・カントールは、「数学の本質はその自由さにある」[3]と言っています。科学と違い、数学の研究における題材は、特定の物理的な対象に必ずしも結びつくものではなく、したがって、研究対象に制約されている他の科学者たちと違って、数学者には制約がない、と彼は言っています。数学の探究者は、自分の想像力を使って、自分の好きな数学の城をどのようにでも作れるのです。

位相幾何学のクラスは、私に想像の実践について教えてくれました。前にも触れたように位相幾何学は、連続的に物体を引っ張っても変わらない、幾何学的な性質に関する学問です。ある物体を手に取って変形しても、「穴」を開けたり塞いだりしなければ、位相幾何学的には変わりません。したがって、サッカーボールとバスケットボールは、位相幾何学的には同じです。サッカーボールの形は、バスケットボールの形に変形できるためです。他方、ドーナッツはサッカーボールと位相幾何学的に同じではありません。なぜなら、穴を開けることなしに、サッカーボールをドーナッツに変えることはできないからです。

位相幾何学は楽しい学問です。モノを切り刻んだり、一緒に貼り付けたり、変わった方法で引き伸ばしたりして、いろいろな種類の格好いい形を作れるからです。私たちは、このように作られた形状の内部を自分が動き回ることを空想するので、これらを「空間」と呼びます。「このように病的な構造を持った物体は存在するか？」（変わったものや普通でないものを表すのに、数学でも医学のよう

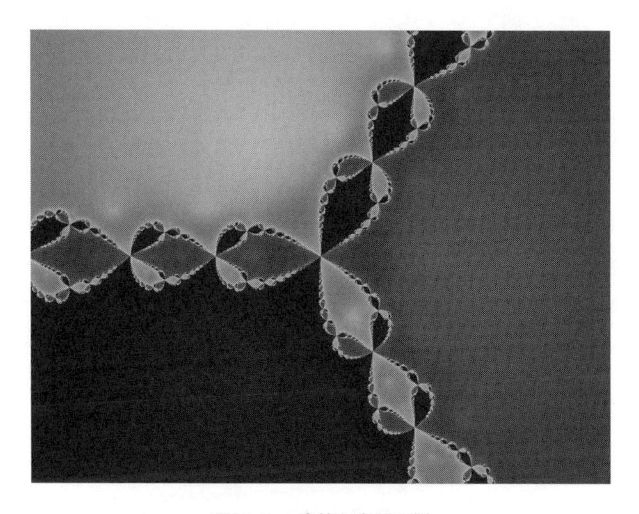

図11-1　病的な空間の例

このフラクタル図形には3つの領域（濃く、薄く、さらに薄く塗られた「湖」）が存在し、同じ境界を共有しています。オリジナルの和田の湖と異なり、それぞれの湖は非連結のベイスンで構成されています。

画像提供：フランク・ファリス

に、「病的」という言葉を使います）といった突飛な質問に対して、奇妙な空間を想像するのが、位相幾何学ファンの楽しみなのです。そして、心の中で、そのような例が存在するか予想を立てます。例えば、「和田の湖」があります。これは、3つの連結された領域（「湖」）がちょうど同じ境界を持つように、地図上に描かれた図形です。湖の境界上の任意の点は、3つの湖すべての境界上になければなりません。この図形を構成する和田の湖は、それを発明した数学者の和田建雄にちなんで名付けられました。次に奇妙な図形として、**ハワイのイヤリング**があります。華麗な装飾のほどこされた物体では、無限に多くのリングが連続的に小さくなってゆき、すべてが1点に接触しています[4]。

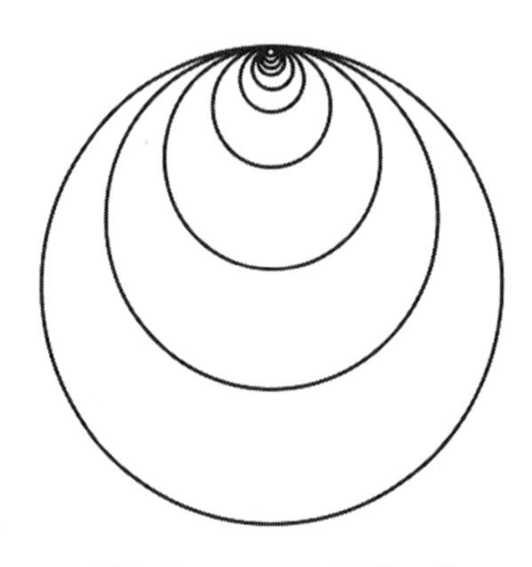

図11-2　ハワイのイヤリング

病的な空間として（数学者の間でではありますが）有名な例は、「アレクサンダーの角付き球面」です。一般に、球の表面は泡の形をしており、完全に丸い球の外側の空間には、「単連結」という性質があります。これは大雑把にいうと、球の外側に紐を回して、その両端を結んでループを作っても、球に引っ掛かるループを作ることはできず、必ず球から分離できることを意味します（これは、外側の空間が単連結ではないドーナッツと対照的です。ドーナッツの真ん中の穴に紐を通して、両端を結ぶと、ループをドーナッツから分離できません）。1924年ころにJ・W・アレクサンダーは、角付き球面を想像しながら次のような問題を考えていました。「泡上の異なる2点は決して触れ合わないにもかかわらず、泡の外側の空間が単連結にならないように、泡を変形することは可能か？」

当初、アレクサンダーは、どのように変形しても、泡の外側は単連結でなければならないと考えていました[5]。しかし外側が単連結ではない例を彼は作り出したのです！　彼の独創的な構成は次のように説明できます（これは彼の構成と全く同じではないですが、位相幾何学的には同じです）。ある泡から2つ「角」を突き出します。それぞれの角から、一対のつまむ指を作り出して、もう一対のつまむ指とほぼ連結させます。つまむ指同士は互いに接触しないため、より小さなスケールで同じ作業を繰り返すことができます。すなわち、前の作業で作ったそれぞれの指から、一対のつまむ指を作り出して、もう一対のつまむ指と、接触することなく、連結させます。この作業を繰り返し、その極限でできるのが、アレクサンダーの角付き球面です。

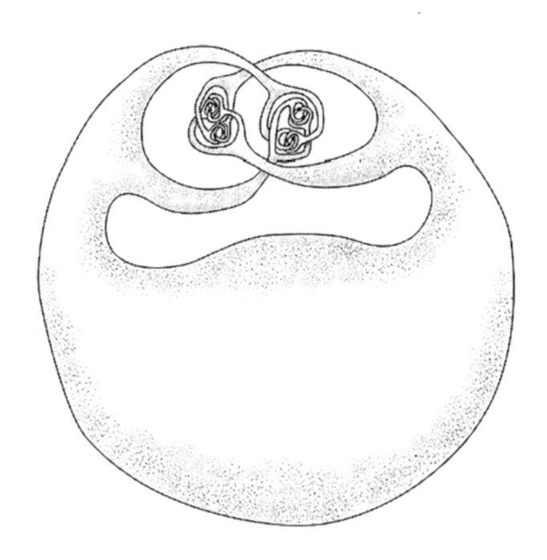

図11-3　アレクサンダーの角付き球面

オリジナルの2つの角のうち、一方の土台を紐で取り囲んで、ループを作ります。この紐を角付きの球面から分離できないのは、つまみを無限に噛み合わせているからこそです。極限[vi]を取らずに、つまみがある段階で終わっていれば、この紐は容易に外れてしまいます。このような驚くべき構成を考えるには、この図形を考えるだ

〔訳注vi〕つまむ指を作り出す作業を無限に繰り返すこと。

けでなく、極限でも、角付きの球面は、依然として球であることを検証する想像力も必要です。拡大すると、つまみを持つ角が、フラクタル状に連続的に存在している様子が想像できます。どのような詳細のレベルで観察しても、同じ図形に見えるのです。

想像する自由があれば、数学には夢のような特質が付与されます。願い事をしなさい。そうすればほら、あなたの夢は叶います。

数学を学ぶあらゆる段階で、自分の想像力を活かす機会があれば、どれだけ楽しみが増すでしょう？　そのために高等数学を勉強する必要はありません。例えば算術では、空想的な性質を持った数が構成できます。あなたの誕生日のすべての桁の数字で割り切れる、最小の数は何でしょう？　素数以外の数が連続して10個続くものを見つけられますか？　幾何学では、自分でパターンをデザインして、その幾何学的な性質を探究してよいのです。あなたの好きなパターンにはどのような対称性がありますか？　統計学では、あるデータ集合に対して、それを視覚化する創造的な方法を作り出せます。どの方法が一番よい特徴を持っていますか？　退屈な教科書で数学を勉強していたら、自分の想像力を高めるように設問を手直しすればよいのです。こうすることであなたは、想像する自由を行使しているのです。

●歓迎されてこその自由

残念ながら、最後の自由を抜きにして、これまでに述べてきた自由（知識の自由、理解の自由、探究する自由、想像する自由）を保証することはできません。最後の自由とは、**歓迎の自由**です。これは、多くの数学コミュニティーに欠けている自由です。

私が学んだように、ビーチには、排他性を連想させる歴史があり、今日でも、人々がこの空間を楽しむことを妨げています。ビーチで次のようなことが起こると想像してみてください。あなたの入場を許可しないと書かれた看板はなくなったとしても、両親が来たことがない以上、あなたはあまりビーチには来ません。あなたを追い出す人はいませんが、あなたが使用するのは脇道の階段です。人々は、あなたが別のビーチに行かないのかと尋ねます。あなたを、ビーチシャワーのサービス係だと思って、洗面所の紙タオルを注文する人もいるかもしれません。あなたがそばを通り過ぎると、視線を逸らせて、子どもたちを強く抱きしめる人もいるかもしれません。あなたに対して意地悪な規則をでっち上げて、ピクニックであの料理を作ってはいけないとか、このビーチであの遊びをしてはいけないと言うかもしれません。一人で遊ぶ代わりに、ピックアップゲーム[vii]に参加しようとバレーのコートに行っても、誰も誘ってくれません。彼らは、あなたが試合の仕方を知っているとか、知りたがっているとは思わないのです。ビーチが開かれていたとしても、あなたは必ずしも歓迎されていないのです。

悲しいことに、数学のコミュニティーもこのような有様なのです。私たちは多様性を大事にすると言いながら、その裏では排他性を持っています。次のような例を考えてみましょう。

●アレハンドラの差別経験

あなたの名前はアレハンドラ[viii]で、小学校以上のすべての教科書で、一般の事例に出てくるのがみんな、白人男性の名前だということに気づきました。中学では、問題を解くための新しい方法を考えつきましたが、あなたの先生は、自分の知っている解法以外に、全く興味を示しません。高校の数学の先生は、授業中に男子生徒としか目を合わせません。

〔訳注vii〕そこにいる人を適当に集めてやるゲーム。
〔訳注viii〕スペイン語の女性名。

未知の多項式

本書収録の他のパズルと比べて、この問題には多少の知識が必要に思えるかもしれませんが、粘り強く考えると、その答えの面白さが分かるでしょう。多項式とは、x^3+2x+7 のような代数式のことで、ある数を x に代入すると、その数における多項式の値が求まります。したがって、-1 における x^3+2x+7 の値は $(-1)^3+2(-1)+7$ となり、4と等しくなります。この多項式の次数（最大の指数）は3です。各項に含まれる数字の因数は、係数と呼ばれます（ここでは、1が x^3 の係数、2が x の係数、7が定数の係数です）。

ここで問題です。

非負の整数を係数に持つ多項式があるとします。あなたはその多項式の次数を知りません。目標はこの多項式を決めることですが、あなたは次のような形式でのみ、私に質問することが許されます（ただし、k はある特定の数を表します）。

「k における多項式の値は何ですか?」

多項式を決めるのに必要な、最少の質問数はいくつでしょう?

私はこの問題が大好きです。なぜなら、十分には情報が与えられていないように見えるからです。でもあなたには質問できる自由がたくさんあります。この楽しい問題を、最初に私と共有してくれたのはサム・ヴァンダーベルデでした。

大学では、数学の上級クラスに入り、勉強は大変でも、やりがいがあると思いましたが、教授は続けるようには奨励せず、下のクラスにいくことを勧めます。あなたは大学でスポーツ競技をしていて、毎日午後に練習しなければならないスケジュールですが、教授は午後の予約しか受け付けません。ある数学の証明を教授は、「自明」で「明らか」と言いますが、あなたには「自明」でも「明らか」でもないため、自分には何か問題があると思います。彼は、「あなたのような学生はこの専攻では成功しないことが多い」と指摘します。数学のコンテストが開催されると主催者は、あなた以外のすべての数学専攻学生を、その練習に招待します。あなたの出身地では、コミュニティーを大事にし、物語を話すことに重きを置きますが、あなたの教授は、数学が、歴史や文化とは全く関係ないものであるかのように話し、与えられた課題はすべて一人で解くように命じます。

あなたは数学の大学院にいくことを決めますが、そのプログラムには女子学生はほとんどいませんし、あなたのようなラテン系の女子学生は皆無で、当然、ラテン系の女性教員もいません。あなたの名前をどう発音すればよいのか誰も分からず、許可もなしにあなたのことを「アレックス」と呼びます。あなたの学科の学生ラウンジには、絵画も植物も色彩もありません。無味乾燥に感じ、そこに出入りしたいとは思いません。他の生徒たちはとても競争心が強く、他人の犯した数学の間違いを目ざとく指摘しますが、協力的ではありません。あなたが子どもの世話で苦労しているという信号を出しても、あなたの指導教員は、大学の外でのあなたの人生には興味を示しません。そうです、あなたは大学院で家庭を持つことを決断したのですが、事務員はそのような学生に柔軟に対処できないようです。

あなたは数学者になり、教育が重要と考える大学での職を得ることができて興奮しています。しかし、研究大学で働く友人は同情して、「あなたはそこで幸せなの？」と聞きます。あなたが会議に行くと、あなたの小さな背丈と色黒の肌のために、会議場のホテルの従業員によく間違われます。共同研究の論文を発表すると、人々はいつも他の共同研究者たちがほとんどの仕事をしたのではないかと考えます。なので、一人で論文を発表するときには、プレッシャーを感じます。数学で得られるすべてのことが大好きですが、こんな仕打ちはひどいと感じます。

まとめると、アレハンドラのような経験をすると、人生が消耗して重苦しく感じます。関わっている人たちは善意を持っていても、彼女の味わっていることに全く気づいていないのです。そのような態度が重なると、強制的な力を行使していることになります。アレハンドラには、歓迎の自由がありません。彼女がなぜそこに留まっているのか、あなたは不思議に思うかもしれません。

歓迎するということは、単に人々が共存するのを許容する以上のことです。「あなたはここに属していますよ」と言う、歓迎の招きにまで広げ、その後も支援を続けることを意味します。期待度を高く保ち、手厚いサポートを提供することを意味します。

期待度は、クラスにおける生徒の出来に影響します。「期待効果」については、教師の期待が生徒の学びに影響することを示した研究例がたくさんあります。最も有名なのは、1966年にローゼンタールとジェイコブソンが行った研究で、生徒たちは偽の適性検査を受けさせられ、教師たちには、どの生徒が「伸びる」と期待されるかが伝えられます（実際には、ここでいう伸びる生徒はランダムに選ばれました）。その翌年、これらの生徒たちは他のクラスメイトたちよりもよい成績を収めました[6]。

これは、生徒も教師も暗黙のうちに期待に捕らわれているということを表しています。教師は生徒の可能性に関する限られた想像力に縛られ、生徒は、他人の考える自分像に縛られ、そこから自由になれません。歓迎の自由を持つ人なら、「私はあなたが成功すると思うから、そこに到達するのを手伝うわ」と言うでしょう。

●黒人学校で実践された歓迎の自由

ベル・フックスは、著書『とびこえよ、その囲いを（原題：*Teaching to Transgress*)』の中で、アメリカの人種差別地域にある黒人学校で学んだ一生徒としての経験を話しています。彼女は、生徒たちが最大限の可能性に到達する手助けをする使命を担った教師たちを称賛しています。

> この使命を全うするために、教師たちはわたしたちのことをよく知ろうとした。親のこと、暮らし向き、通っている教会、家庭環境、わたしたち子どもがどんなふうに育てられているのかをよく知っていた。…〔略〕…
>
> 当時、学校に行くことは単純にうれしいことだった。生徒でいることが楽しかった。勉強も大好きだった。…〔略〕…学ぶことによって自分が変わることは本当にうれしかった。…〔略〕…学校は…〔略〕…学ぶことを通して新しい自分を再発見させてくれる場だった[7]。

これらの教師たちがどれほど歓迎の自由を実践したかが分かると思います。彼らは、学習成績だけでなく、子どもたちのあらゆることについて知っていなければならなかったのです。これらの生徒たちの教育は、コミュニティーに根ざしていました。歓迎の自由のお陰で、フックスには他の自由もありました。アイデアを探究する自由と、自分自身の持つ新たな独自性を想像する自由です。

対照的に、その後に通ったのは人種の統合された学校で、彼女は学校を転々としました。

> 知識は突然、単なる情報と化した。それは、いかに生き、いかに行動するかという人生の関心事とは、まったく無縁のものになってしまった。…〔略〕…

> バスに乗せられ白い学校に通うようになってわたしたちが学んだことは、従順になること、あまり熱を入れて勉強しないこと、それこそがわたしたちに期待されていることだという事実だった。…〔略〕…
> 黒人の子どもにとって、教育はもはや自由の実践とは無縁のものであった。このことを悟り、わたしは学校に対する愛着を失った[8]。

いまやビーチは開かれていますが、歓迎もなければ、コミュニティーの厚遇もありません。フックスは期待に縛られて、自分の能力を発揮しなければならないといつも感じていました。彼女は、自分が声を上げて、一線を越えたと思われるのを恐れていました。教育が支配のように感じられました。歓迎の自由がなくなり、彼女はそれ以外の自由も失ったのです。

誤解のないように言うと、私は人種分離教育を推奨しているのではありません。私が言いたいのは、真の歓迎には真の自由が伴わなければならないということです。その自由が過去に否定されたものならばなおさらです。

●自由から何が得られる？

数学におけるこれらの自由は、いくつかの美徳と結びついています。知識の自由は、**知恵を働かせる**美徳を導きます。私たちは自分の知っているツールを使って、問題を解決することができます。探究する自由を持てば、大きな声でアイデアを出し合うことも恥ずかしくなくなり、発見の喜びを経験します。これによって、**質問し、独立した考えを持つことを恐れない**美徳を培うことができます。また、間違った考えを単に切り捨てるのではなく、そこから正解を導けることや、新しい研究分野に踏み込めることが分かると、**挫折を踏み台と捉える**スキルが身につきます。理解する自由は、**知識に対**

する**自信**を生みます。理解することは、意味と洞察で固められた事柄について、確固とした基礎を築いてくれるからです。そして、想像する自由は、**発明**と**喜び**の美徳を促進します。自由は、あなたが探究し、心の中で奇抜な予想を立てることを楽しむ余裕を与えてくれるからです。

私が大学院で困難に直面し、未熟で居場所がないように感じ、成功する能力について教授から疑問を呈されたとき、私を救ったのはこれらの美徳でした。独立した考えを持つ経験をしていたことから、私は自分が初歩の研究スキルを持っていることを知っていました。自分が理解できないとき、声を上げて質問することを恐れないことが支えになりました。自分自身のために数学を創造する喜びを知っていました。そして、すでに持っていた知識に対する信頼が、懸命の努力と頑張りで、自分は徐々に追いつけると信じる支えになりました。ヘレン・ケラーの言葉を借りると、「自分の持つ自由を感じたとき、私は独自のやり方で果敢に舞う」と決意することができました。

自由は、数学を学習し実践することの極めて重要な構成要素なので、私たちは自由には何が伴うかを考えるべきです。**自由**を「制約のないこと」と定義して、「何でも好きなことをしていい」という意味で使う人がいます。私はそれを真の自由とは思いません。

代償、関係性、責任を払うことなしに、真の自由がやって来ることはありえません。あなたに時間とエネルギーを注ぎ、質問する空間を与え、ビーチを探究して、あなたの城をどう建てたらよいか教えてくれる先生のことを考えてみてください。あなたがビーチに行けるようにするために援助を惜しまず、いかなる障壁も克服する方法を身につけさせる親のことを考えてみてください。あなたが参入できるように、誰かが真に歓迎してくれるときには、多大のエネルギーと配慮が必要ということを考えてみてください。そして、深く広く美しい学問に身を捧げることで、あなた自身が支払う代償について考えてみてください。これらの代償なしに、ビーチの上で豊かさを享受する自由は得られないでしょう。

数学の自由を経験した私たちには、他の人々も、これらの自由に迎え入れる重責があります。

私の警備水準が下がってから、移送されるのはこれで２回目です。最後の施設では、気の合う仲間に出会いました。私たちは同じ方向に向かっていました。彼らから学んだことはあまりありませんでした。

私はまだ若者です。今31歳で、19歳から刑務所に居るので、学ぶことはたくさんあります。地球上に住む71億人の中には、大いなる共通点がありますが、その共通点の中にも、無限の（小さな）違いや独自性があります。今のところ、ここで、私に近い波長を持っている人には出会ったことがありません。でも、そのように同じ振動を持っていなくても、人はコミュニティーに対して心を開き、種を植え、植えられなければならないことが分かりました。なぜなら、すべての人から学べることがあるからです。

いまのところ私が長話をするのは、ほんの数人です。いま出所した施設では、３人の友人と別れましたが、ケンタッキーを出たときには２人の友人と別れました。

2018年１月28日
クリス

第12章 コミュニティー

数学から得られる真の満足は、
他者から学ぶことと、他者と共有することにある。
私たちが明確に理解しているのはごく僅かの事柄で、
はるかに多くのことについては曖昧な概念しか持っていないのだ。
ウィリアム・サーストン

「属している」とは何だろう？
それぞれの人がコミュニティーの中で、
自分が受け入れられ、尊重され、
正規のメンバーとみなされていると感じる程度のことだ。
ディアナ・ハウンスペルガー

●数学者は孤独？

リカルド・グティエレスはニューヨーク生まれで、労働者階級の移民の子です。彼の父親は高校を卒業せず、母親は8年生[i]に進級できませんでした。私が数学で豊かになることを話したスピーチを読んで、彼は2017年に手紙を送ってきました。彼は若いときに数学で頭角を表しましたが、彼を導いてくれる指導者がいませんでした。そこで、大学では他の科目を専攻し、19年間、音響技師として華や

〔訳注ｉ〕日本の中学2年生に相当する。

かな経歴を歩んできました。技術職ではありませんでしたが、彼によると、「音楽に取り組んで、その響きをより良くする」のが仕事でした。彼は自分の仕事が大好きで、実際、彼の取り組んだプロジェクトの１つはグラミー賞の候補にもなりました。それでも彼は何かが欠けていると感じました。

> 私はただより多くを望み、自分の人生には何か欠けているものがあるように感じました。数学とコンピュータ科学が与えてくれる類のものについて、さらなる知識と考えが欲しいと思いました。私が魅力に感じ、瞑想的とさえ思うのは、多分、論理の問題を深く掘り下げることなのです。私は、自分の仕事の境界からはみ出してしまい、それを数学とプログラミングで埋め合わせたいと思ったのでしょう…　自分の仕事を習得してしまい、機械的な手順になってしまった、と言った方が適切かもしれません。

彼は40歳の年齢で学校に戻るという勇敢なステップを踏み、非伝統的学生[ii]のためのプログラムに入りました。彼は言います。

> 過酷な学問環境にいる厳しさとプレッシャーは、考えられないくらい大変でした。特に私はとても長い間、実践から遠ざかっていました。それでもときに一番酷だったのは、私が数学とコンピュータ科学のクラスに属していない、という固定化した感覚でした。この感情はおそらく、私の若年期に関係しています。私が当時抱いていたどのような夢も、自分の地域や生活という冷徹な現実にはそぐわず、また、このような考えが正しくないと改めてくれる指導者がいなかったという事実です。このこと

〔訳注 ii〕高校卒業後、すぐ大学に入学する伝統的学生とは異なる進路を歩んだ、成人学生や社会人学生の総称。

が現実を歪め、「私はここにいるべきではない」という思いが無限ループのように、見えない形でも繰り返されました。いつも葛藤していました。

「私は属していない」という感情は致命傷になりえます。ここで、「私たちは属している」と感じるのに、とても重要になるのが、コミュニティーです。パーカー・パーマーが言うように、もしも「教えるということが、真実のコミュニティーを実践する場を創ること」ならば、私たちは、他者が「自分は属している」ことを自分の目では確かめられないという事実を認めなければなりません[1]。彼らがコミュニティーに属していることを伝えれば、私たちは彼らを、安心させることができるのです。

支えてくれるコミュニティーなしに成功できる人はいません。喜び、悲しみ、希望、恐れを共有できる人々のコミュニティーでは、葛藤するのは普通のことであり、「葛藤しているのは私だけではない」ことに気づかせてくれます。

コミュニティーは人間の持つ深い欲望です。したがってコミュニティーは、多くの人が数学の追究で成功するための出入り口の役割を果たします。余暇の数学、教育の数学、専門の数学、あるいは家庭の数学でもそうです。「数学のコミュニティー」とは、共通の数学経験を拠り所に集まる、さまざまな集団を意味します。数学の冗談を共有し、数学への熱意を示し、幾何学的な対象物を作り、数学に関わる物語を一緒に読み、あるいは一緒に料理する（例えば、レシピを少し変えて、それについて話す）とき、あなたは家の中で数学のコミュニティーを形成しているのです。数学のクラスに足を踏み入れるときや、戦略思考のゲームに加わるとき、あなたは数学のコミュニティーに入っているのです。

ほとんどの人にとって、**コミュニティー**は、数学から連想する単語ではありません。数学者に対する一般の見方は、ただ一人の人間が長い間孤立して、ある問題に全力で取り組むというものです。確かに、有名な問題を解いた最近の数人は、このような描像に当てはまります。1993年にアンドリュー・ワイルズは、350年間解かれなかったフェルマーの最終定理の証明を発表しました（当初は僅かの不備がありました）。定理を述べるのは簡単で、「$n>2$ に対して、方程式 $x^n+y^n=z^n$ を満たす自然数の解は存在しない」というものです。ワイルズは7年もの間、人知れずこの問題に懸命に取り組みました[2]。2003年にはグリゴリー・ペレルマンが、1世紀もの間解かれなかった幾何学におけるポアンカレ予想を証明しました。大まかに言うとこの予想は、「有界で穴の空いていない三次元の物体は、球でなければならない」というものです。ペレルマンがこの問題に取り組んでいることを知る人は誰もいませんでした[3]。そして2013年には張益唐が、隣り合った素数の間隔は有界であることを証明しました。これは、双子素数予想[iii]の攻略に向けた最大のブレイクスルーでしたが、当該分野で張のことを知っている人は誰もいませんでした[4]。彼らの非凡さが話題となったこれらの例によって、数学は孤高の努力でなければならないという神話が増幅されました。

現実には、数学者はいつも共同で仕事をします。なぜなら、学習、読書、ゲーム、研究など、さまざまな数学活動を通して人々が集まるからです。私たちがコミュニティーで時間を過ごして数学を楽しむのは、ウィリアム・サーストンが（数学で新規なことは絶対にできないのではないかと心配した人への返答として）言ったように、「他者から学ぶことと、他者と共有することに、真の満足がある」からです。

〔訳注iii〕差が2である2つの素数の組を双子素数と呼ぶ。この双子素数が無限に存在するかどうかを証明する問題。

専門的には、数学は以前に増して、さらに共同研究に基づくようになっています。2002年の調査によると、数学で共同研究を行なっている論文著者の割合は、1990年代は81％でした。これは1940年代の28％から上昇しています[5]。2009年に数学者のティモシー・ガワーズが、ハレス－ジュエットの定理の基本証明を見つけるために、インターネットで共同研究を呼びかけたことは有名です。大まかに言うと、この定理は、三目並べ[iv]の次元をもっと大きくした変形版で、任意の数のプレーヤーが常に勝たなければなければならない[v]というものです。また、授業時間中に生徒が参加して協働する、アクティブラーニングの方式を取り入れる数学教師も増えています。ソーシャルメディアが盛んになり、数学教師たちも新しい形態でつながり合い、アイデアを共有して、新たなインターネットのグループを形成しています。チームで仕事をすることは、今日、数学者が相互作用する中心になっており、ビジネス、企業、あるいは政府でキャリアを積むのにも重要なスキルになっています。

コミュニティーは、人々が集まって数学を探究するのに重要な機能を果たし、社会の中で活動することを奨励することで、人々の成長を促しています。数学を主題にした魅力的なプログラムでは、参加者同士のコミュニティーを発展させることに重きが置かれ、子どもから教師、研究者までを対象とした、ほとんどの分野に対応するグループを見つけることができます[6]。

しかしながら、コミュニティーを作ることは、単に数学を主題に人を寄せ集めることではありません。数学のコミュニティーでときにまん延する障壁を克服するために、私たちはもっと気を配らなけ

〔訳注iv〕３×３ の格子に、二人のプレーヤーが交互に○と×を書き込んで、３つ並べるゲーム。

〔訳注ｖ〕引き分けはない。

ればなりません。

●数学は業績がすべて？

数学のコミュニティーでは、業績（狭い範囲の業績であることが多い）に焦点が当たり過ぎることが多々あります。特異的な「能力」で人々を順位付けすると、階層構造が強化されてしまいます。誰が数学に「秀でている」かを評価する際に、私たちは心の中で、順位付けを行なっています。また、数学で成功するには1つしか方法はない、という信号を送っていることもよくあります。子どもたちに急いで計算させたり、高校で生徒たちに、早い段階で微分積分を学ばせたり、専門家たちに、研究しないなら「本物の数学者」ではない、と言ったりするときです。実際のところ、成功するには複数の道筋があります。数学の業績は一次元的なものではないので、私たちはそのように扱うことをやめなければなりません。私たちは数学を、地面に突き立てられた棒のように捉え、葡萄が成長するには、その棒に沿って伸びるしかないと考えることが多過ぎます。実際の数学は、ブドウ棚のようなもので、棚が地面に着いている所であれば、複数の場所で葡萄は成長し、棚に沿って複数の方向に伸びていくことができるのです。

したがって、数学のコミュニティーを望む人は、数学の一次元的な見方と戦う戦略を立てなければなりません。例えば学校のクラスや家で、他人が数学で美徳を培ったことを称え、これらも数学の一部なのだということを思い起こさせるのです。持続性、好奇心、物事を一般化する習慣、美に向かう気質、深い研究への渇望など、本書で議論した美徳はすべて、数学で成長したことを証明するものです。高校や大学で、生徒全員に微分積分を学ばせるよりも、数学に向かう複数の筋道を作ればよいのです。成績優秀なエリートのための数学クラブよりも、楽しみのための数学クラブを作ればよいのです。専門家のレベルでは、数学の理解を前進させるのにさまざまな形で寄与した数学教師や研究者たちを評価すればよいのです。数学における素晴らしい経歴を集めて、その中から模範となるさまざまな人物を挙げればよいのです[7]。

●よい数学のコミュニティーを作る秘訣

数学のコミュニティーは、それ自体は望んでいないとしても、階層的になりがちです。私の地域のハイキングクラブには、ハイキングへの愛情を共有することで培われた絆があります。さまざまな速さでハイキングするために、出発するときには、スキルの異なるグループに分かれます。私は自分が遅いハイカーだということを認めるのに抵抗はありませんし、初心者のグループに参加するのを恥ずかしいとも感じません。景観を眺め、仲間を意識し、静かに内省するなど、ハイキングの楽しさは、スキルとは別のものです。同様に、ピアノのコンサートを鑑賞したり、バスケットボールの試合を観戦して得られる楽しみは、演奏や競技のスキルとは別です。

対照的に数学では、楽しむためにスキルが要求されることが多々あります。例えば、数学の授業に出席しても、内容が理解できなければ、胸を躍らせることはありません。聴講する楽しみは、定理が主張することを単に知るだけでなく、定理を追って理解することにあります。残念ながら、短時間の枠組みで定理を理解するのは大変で、講演者は自分の話を、聴衆が理解できるように工夫しないことがよくあります。ここに至るまでの間に私は、すべてを理解することはできない不快さに慣れてしまいましたし、それが普通であることも知っています。でも新参者はこの状況に直面して、居場所がないと感じてしまいます。同様に、学校のクラスでも、コミュニティーとして数学を学ぶことは容易ではありません。なぜなら、クラスで教えるのはスキル中心だからです。したがって、もしもグループ作業が上手く設計されていなければ、考えるのに時間のかかる生徒は、すぐに終わってしまう生徒に、やる気を削がれるでしょう。スキルに特異的に焦点を当てることは、たとえそれに正当な理由があったとしても、そのスキルに秀でていると見られる生徒を理想化する方向に導き、どの数学のコミュニティーにも、不要な階層構造が作られます。シモーヌ・ヴェイユが絶望した、「真に偉大なものだけが入国を許された、真実が居住する、超越的な王国から、自分が排除されているという考え」[8]と同じように感じている人たちを、私はたくさん見てきました。

したがって、数学のコミュニティーを望む人たちは、もてなしの美徳を発達させなければなりません。この美徳には、**優れた授業**、**優れた指導**、そして**他者を肯定する気質**が含まれます。もてなしのできる数学の探究者は、後ろを振り返り、新参者たちがどの習熟段階にあっても、彼らが歓迎されていることを伝えて安心させるでしょう。彼らは新参者たちに、隠れた知識のマニュアル（これには、経験豊かな熟練者でもすべては理解できない事実が含まれます）を示し、大きなアイデアを把握するためにどのように数学の教科書を読めばよいか、といったスキルを指導します。彼らは、他者が上手くできたことを評価することで、彼らの能力を公に認めます。数学のコミュニティーで力を行使する人たちは、新参者を歓迎する方法について、規範を設定する責任があることを忘れてはなりません。もてなしのできる数学の探究者は、優れた数学の教師になるように努力して、コミュニティーに新たに加わった人たちに対してでも、数学の喜びを伝えることができます。上手な教え方に関しては、根拠に基づく知見が豊富に存在するので、私たちはそれを利用するべきです[9]。優れたコミュニケーションを通して私たちは、人々が数学の王国に入れるように手助けできます。

数学のコミュニティーを先導する人たちは、学生の主体性、個性、能力に注意しながら、グループの動静を管理する修練を積まなければなりません。熟練した教師は、人々の関わり合い方に良い規範を設定することが重要ということを知っています。グループ作業は、一人が独占してしまう場合には効果が薄く、グループ内のすべての人が意味のある形で作業に参加していなければ、むしろ有害になります。そのため、数学の教育者たちは、グループで行う価値のある課題を設計することが重要だと強調します。そのような課題では、複数の重要な役割が存在して、本当に協働することが必要です。グループが成功するにはすべての人が寄与しなければなりません[10]。効果的に指導する教師たちは、生徒たちが考えを共有するように導き、参加することで生じる社交上のリスクを軽減する方法を知っています[11]。

数学のコミュニティーを作るには、階層性を低減する協働的なスキルを発展させる必要があります。上手くいく協働は、インクルーシブ[vi]なもので、多様な視点が得られるという利点があります。協働とは、単なる作業の分割ではありません。むしろ、数学における最高の共同研究は、相乗的なもので、準備を必要とし、参加者がさらなる成長に向けて切磋琢磨するときに、より深い理解が生まれます。

●偏見を抑えるために

すべてのコミュニティーと同様に、数学のコミュニティーも暗黙の偏見に陥りがちです。これは、意図しない無意識の固定観念で、私たち全員が持っています。私たちが他人に対して間違った決めつけをすることによって、グループの力関係は左右され、誰の声が通るかが制限されます。学校では、「まだ話していない人はいます

〔訳注vi〕あらゆる人が、排除されないよう援護し、共生する意味。

球上の5点

ある球の上に、任意の5点が与えられたとき、そのうちの4点は、境界を含む半球上にあることを示しなさい。

これはエレガントな答えを持つ素晴らしい問題です[a)]。簡単に提示できて、驚くべき結論があり、探究するのに複数通りの方法があるという、美しい問題の要素を持っているので、この本の最後のパズルにふさわしいと考えました。時間のあるときに考えられます。数学の探究者は、葛藤を心地よく感じるということを思い出してください。問題に頭からどっぷりと漬かるだけでよいのです。長い葛藤の後で、答えをついに発見したとき、喜びに包まれるでしょう。

a) Putnam Mathematical Competition Problem, 2002.

か？」「人知れず貢献しているのは誰でしょう？」などと問いかける必要があります。専門的なレベルでは、コミュニティーの邪魔になる判断が、どのように偏見から導かれるのかを認識する必要があります。例えば女性が、男性との共同研究論文を発表すると、人々は、男性がその仕事を行ったと考えるため、彼女らの功績が認められる可能性は低くなります。2016年の調査では、類似した経済学の分野において、女性も男性と同程度の成果を発表しているのに、女性がテニュア[vii]を否決される率は2倍高いのです。対して、女性がいつも一人で成果を発表している場合は例外で、男女差がありません[12]。

したがって、数学のコミュニティーを構築したいと望む人は、

〔訳注vii〕終身在職権。

内省的な姿勢をとらなければなりません。私たちは、自分の持つ偏見に留意して、それを和らげるようにするべきですし、コミュニティー内では、偏見を抑えるような、善き実践と構造を確立しなければなりません[13]。

●数学のコミュニティーで孤立しない・させない

数学のコミュニティーで人々は、自分が属していないという感覚に深く悩まされています。これは次のようなさまざまな形をとりえます。「自分の無知を誰にも知られたくない（背後にある考え：私はここにいるに値しない）」、「ここにいる人はみんな私と違う（背後にある考え：だから、私のことを本当に理解してくれる人はいない）」、「私の力では及ばない（背後にある考え：私が理想とする人にはなれない）。」 多くのコミュニティーに存在する階層性によって、このような感情は、増幅されます。40歳の大学生として、リカルドは、これらすべてが混ざり合った感情を持つでしょう。彼は人種や階級の両面で、過小評価される生い立ちの持ち主です。長い間学校から離れていたので、新しい自分になるためには、順応しなければなりません。彼は自分の過去を不利に感じています。「自分はここにいるべきではない」と感じ続けたのも、不思議ありません。実際のところ、私たちの多くは、何らかの理由でこのように感じます。私も数学のコミュニティーで孤独に感じましたし、数学者としての名声が確立された現在でも、そう感じます。キャリアの途中で研究分野を変えたとき、新しいコミュニティーでのつながりを作るために、私はある研究所で一学期間を過ごしました。新しい分野のことを私はあまり知りませんでした。私の大学では教育が優先されていたので、研究専念型の機関から来ていた他の数学者たちとは違いがありました。このため私はしばしば、自分を場違いに感じました。私のことをよく知っている人は誰もおらず、他の人に比べて、社交的な集まりに招かれることも限られていました。公正を期すと、私の感情を知っていたら、彼らも私にもっと手を差し伸べてくれていたでしょう。人を歓迎するためには、積極的に配慮する必要があるのはこのためです。

ですので、数学のコミュニティーを大事に思う人は、もてなしに加えて、**人々への気遣い**という美徳も育まなければなりません。これは、他人、特に若い人や、新しく入ってきた人、忘れられた人のことを観察し、単なる数学的側面を超えて、その人を理解することを意味します。このような美徳は、あなた自身が新参者当人であったとしても、発達させるべきものです。振り返ってみて私は、自分が気づかれていないと感じたときに、同じように感じていた人がいたに違いないということに気づきました。実際のところ、人々が短期間しか滞在しないこの研究所では、全員が新参者だったのです。新参者として、自分の周りにいる他の新参者に気づけば、彼らにも歓迎の気持ちを広げることができます。

そして、どのような数学のコミュニティーでも、指導者は、**弱さ**の美徳を考慮するべきです。自分の遍歴や困難を共有できる指導者は、他の人々が同じように、困難を共有する雰囲気を作ることができます。教師たちはまず、自身の「数学歴」（数学経験の伝記的な履歴）を生徒と共有して、自分の弱さを示した上で、生徒にも数学歴を書いてもらえばよいのです。弱さを持つ指導者は、他人が、自分のことを偽者と感じる気持ちを克服する手助けができます。アーベル賞（数学におけるノーベル賞のようなもの）を受賞したキャレン・アーレンベックは、次のように認めています。「ロールモデルになるのは難しいです（中略）なぜなら、あなたが本当にしなければいけないのは、人々がいかに不完全な存在で、それでも成功できるということを生徒たちに示すことだからです。」[14]

●不安も吹き飛ぶ数学経験

数学で得られる豊かさについて話すとき、私が最も喜びを感じることの1つは、人々から、彼ら自身の深い経験談を聞くことです。数学科教授のエリン・マクニコラスは、ある外部の行事に不安を感じていたところを思いがけず、何人かの生徒に加え、他の教授との楽しいひと時を過ごすことになった出来事について、詳しく話してくれました。

> 心配、恐れ、怒りは私の考えを混乱させ、その渦からどう抜け出したらよいか分かりませんでした。そしてそのとき、別の教授が担当する実解析学のクラスで学ぶ学生と、たまたますれ違ったのです。私は、その週の実解析学の課題に出されたある問題について、指導学生と話していました。彼女は、1つの問題に対する自分のアプローチに、穴があることを発見しましたが、彼女も私も、それを埋める方法が分かりませんでした。そこで私はすれ違った学生に、問題を解いたか尋ねました。彼は解いていましたが、私の指導学生が最初に間違えたのと同様に、穴があることに気づいていないだけでした。そこで私は、彼に穴のことを指摘しました。ものの20分の間に、実解析学クラスの5人の学生と、その担当教授と私は一堂に集まり、この問題の解決策を見つけようと共同作業を始めました。ほぼ解きかかったと思っても、別の問題が浮上します。そしてついに、そこにいた全員が貢献したお陰で、解法が分かりました。興奮が押し寄せてきて、ホワイトボードの1つに私たちのコメントを書いていた生徒は、証明が完成したという言明を急いで書き留めると、喜びに小躍りしました。私たちは、彼と共に笑い、自分たちが共有した勝利に有頂天になりました。

彼女を現実に引き戻し、一緒に問題を解いた30分間、自分が抱いていた不安をすっかり忘れていたことに気づかせたのは、みんなの笑い声でした。自発的に形成されたコミュニティーのお陰で、数学は彼女にとって、世俗的な関心事からの避難所となり、喜びの源となりました。彼女の物語に、健全な数学コミュニティーの好例が垣間見られます。まず、階層構造がありませんでした。そして、全員がこの問題に惑わされていました。教授たちは、答えが分からなくても、見つけ出したいという姿勢でいることが重要で、むしろそれが面白い、という見本を示していました。彼らは共通の好奇心に駆られていました。学生は、教授が解いていなかった問題を、自分が解かなかったとしても評価が下がることはないことを分かっていましたが、彼らも教授と同様に、真実を知る必要があったのです。彼らは問題を解きたいという願望を共有したと感じ、そして解いたとき、喜びの報酬を受けたのです。エリンはこの経験を次のように回顧しています。

私たち全員の貢献があって、この解を導くことができました。議論に穴があることに最初に気づいた自分の指導学生を誇りに思う気持ちを、私は抑えようとしていました。私は、批判的に内省する非凡な才能が、彼女にはあることを認ますが、その一方で、数学を専攻する学生の数人が示す、数学的な創造性や勘に比べると、彼女の才能は見過ごされがちです。彼女にもこれらの才能がありますが、謙虚さと自分が知らないことを認識する能力があると、グループ作業では、その才能を発揮できなくなります。

数学的な挑戦を、川を渡ることに例えると、岸から飛び跳ねて、岩から岩へとジャンプしながら、次の足場だけを心配するアプローチをとる数学者がいます。他の数学者たちは、川岸で一休みして、横切る経路を探し、水の流れと滑りやすさを計算し、上流か下流のどこかに橋がないかをグーグルマップで検索します。岩をジャンプする人たちの無鉄砲さに驚くのは簡単ですが、彼らが流れの真ん中で立ち往生していることに気づいたとき、救援にやってくるのは、入念に計画を立てる人たちなのです。

　私たちを最終的に向こう岸に到達させてくれる、注意深く整然とした仕事を、コミュニティーや教授、同僚学生は見過ごしてしまいます。博士号を持った二人の教授と何人かの上級生が、議論における同じ穴を完全に見落としていたという事実と、普段は正当な評価を受けていなかったこの学生が、それを指摘したという事実を、私は喜ばずにはいられません。

　これが、人々を豊かにする数学のコミュニティーの描像です。探究と遊びという共通の使命のために人々は集まり、互いにアイデアをぶつけ合い、互いのアイデアを評価し、それが自分たちを導く方向に興奮し、その過程で、数学の持つさまざまな美徳を体現するのです。

［筆者注：スティーヴン・ホーキングの『*God Created the Integers*（神が整数を創造した）』の中の］ユークリッドの『ユークリッド原論（原題：*Elements*）』[i)]、アルキメデスの『アルキメデス方法（原題：*Methods*）』[ii)]、“Sand Reckoner（砂の計算）”、“Measurement of a Circle（円周の測定）”、“On the Sphere and Cylinder（球と円柱について）”に関する節全体を通読して勉強しました。デカルトの『幾何学（原題：*Geometry*）』[iii)]もすべて一通り読みました。それ以来、ロバチェフスキーの“Theory of Parallels（平行線の理論）”を読み、今、ボーヤイの“Science of Absolute Space（絶対空間の科学）”の１回目の流し読みが終わりそうです。

正直なところ、幾何学がこれほど豊かなものだとは知りませんでした。ユークリッドとアルキメデスは完璧に理解しましたし、デカルトの仕事も90％以上、ロバチェフスキーも同程度分かりました。でも、ボーヤイは少し難しく（でも、より詳細にわたっています）、彼は表記や概念の面でやや禁欲的で厳格ですが、ここまで読んだ大半は間違いなく理解していますし、終わったら、完全には理解できなかった部分を読み返す予定です。『*God Created the Integers*』は偉大な本です。他にもこのような本を知っていますか？　古代から現代までの数学が要約されています。大いに役立つでしょう。この 4 カ月というもの、この本は私の数学に対する見方を本当に広げてくれました。

「数学をすることの人間らしさ」というあなたの言葉に、私は本当に考えさせられました。本当に数学に真剣になる前、私はチェスに夢中だったので、人生の多くのことをチェスに例える傾向がありました。でも今や私は、数学に照準を定めているので、私の物の見方の多くに、数学的な概念が忍び込んできます。私には、警備が中程度の刑務所を出たときに別れた友人がいます。彼は、私がやろうとしていることを試みるには、粘り強さが必要だといつも言っていました。数学の授業には、粘り強さが必要ですか？？　でもこの本で私も気づいたのは、同じ時代に生きた人たちのほとんどは互いのことを知り、互いに連絡をとり合い、互いに教え合い、あるいは時間を超えて、互いの数学の末裔たちから教えを受けたのです。彼らの数学には確かな人間の構造があったのです。

あなたの書くことはどんなことでも、私を啓発してくれますし、あなたの本を読むのが待ち遠しいです。はい、あなたの本で私の物語をもう少し詳しく話すことは構いません。数学について私たちが交わした会話が、要点を説明するのに役立つなら、どうぞ使ってください。私に未来があるなら（私はそれを強く信じています）、今から数年先か、15年先か、もっと先か、私の物語を使って、15年前の私のような人を助けたり、他の人が私のような人たちを助ける支援をするつもりです。

私が17歳で、ちょうどGEDの試験を受け、アトランタ・テクニカル・カレッジに入学したときに（私が分岐点にいたとき)、私のような人物が介入してきて、人生ではもっと良いことが起こるということを本当に示してくれたら（あるいは説明してくれたら)、自分がしてしまった以外のことをした可能性の方がはるかに高かったでしょう。私の意見では（これは自分の言わんとしていることを**過激なほどに**単純化していますが)、今の人たちは、他人のことに十分に配慮していません（そして**長い間**その状態が続いています)。自分の個人的な経験と、世の中で見える事から考えたことです。

2018年 7 月25日

クリス

訳注

i）I.L. ハイベルグ編、中村幸四郎、寺阪英孝、伊東俊太郎、池田美恵訳・解説『ユークリッド原論　追補版』共立出版、2011年。

ii）アルキメデス著、佐藤徹訳・解説『アルキメデス方法』東海大学出版会、1990年。

iii）ルネ・デカルト著、原亨吉訳『幾何学』ちくま学芸文庫、2013年。

第13章 愛

たとえ人間の言葉や、天使の言葉を操ることができたとしても、
愛がなければ、私の言うことも、
騒がしいどらや、やかましいの鐘の音でしかない。
パウロ

知性だけでは十分ではないことを忘れてはならない。
知性と人格 ── それこそが真の教育の目的なのだ。
完全な教育とは、人に、集中力だけでなく、
集中する価値のある目標を与える。
マーティン・ルーサー・キング・ジュニア

●大学院での挫折

数学の大学院は私の精神を打ち砕いていました。特定の研究課題を解こうと2年間の努力を重ねた末、私は、自分のアイデアの元となった論文に根本的な誤りがあることを発見しました。私の仕事には価値がありませんでした。自分の努力に何らかの形で報いるために、私の見つけた反例については発表できるかもしれないと考えました。少なくともそうしていれば、自分の仕事に僅かな価値があったことを世界に示すことができたでしょう。でも私が見つけたのは、他人が同じ反例を20年早く、聞いたこともないような無名の雑誌に発表していたことでした。

博士号を取得することに全精力を注いでいた私にとって、それをあきらめることは考えられないことでした。でも、このような状況に陥り、数学を一切やめてしまおうかと考え始めました。

若いころから私は数字のパターンを楽しみ、全力でパズルに挑戦するのが好きでした。マーティン・ガードナーの書いた数学の人気書籍を気晴らしに読み、数学の探究者であることが好きでした。高校では大学院向けの数学の教科書を広げて、全く分かりませんでしたが、その意味を理解したいという強い欲望を持っていたのを覚えています。数学の博士号をとるのは私の夢でした。両親も私と同じ夢を見ていました。両親にとって教育は成功の証だったのです。中国からアメリカに渡った移民である彼らは、家計をやりくりするために雑用をこなす一方で、上級学位の取得に励んでいました。私がハーバード大学に入ったとき、彼らが感激したのは言うまでもありません。それでも、筋萎縮性側索硬化症と闘っていた母は、私がボストンに行くとき、テキサスの家から遠く離れるのを寂しがり、激しく泣きました。私はひどく落ち込みました。ハーバードでの最初の2カ月を綴った日誌には、次のような書き込みがありました。

いま、途方に暮れています。身動きがとれません。家族は私にここにいて欲しいのに、私は家に帰って、家族をどうにか手助けしたいと感じるからです。

自信喪失は1年生がよく経験するものですが、私は不釣り合いなほどに自信喪失したように感じます。ここまでの勉強による負荷で疲弊した私は、なぜ、自分が考えていたような熱意を持って取り組めていないのか不思議です。根本にある問題が何なのか特定できないように思います。

数学以外をしている自分は想像できませんが、本当に数学者になりたいのか疑問に思っているようです。

これらの感情が和らぐことはなく、さらなる3年間、疑念の気持ちを抱きながら私は葛藤しました。大学院では通常、教授（指導教員）に師事して、博士号を取得するための学位論文（独創的な新しい研究）を執筆します。私は一人の教授と研究を行った後、別の教授と仕事をしましたが、二人とも私のことを高くは評価していないことが分かりました。その時点までに、私は、自分を信じることをやめてしまいました。博士号をとるためになぜそれほど頑張っていたのでしょう？　私にとってそれが何を意味するのでしょう？　このような疑問と深く葛藤する中で、私はもっと根本的な問題を問わなければなりませんでした。その疑問とは、私がこの本の始めに問いかけたものです。

なぜ数学をするのでしょう？

名声や、外的な諸善のためでしょうか？　私が自分以外の誰かよりも数学ができることを示すためでしょうか？　自分を他人と比べるためでしょうか？　自分の重要性のためでしょうか？　正直なところ、これらの質問すべてに対して、「そうだ」と思っていたことを白状しなければなりませんでした。

長年にわたって私は、数学と呼ばれるものに自分の独自性を見出していました。その結果、高校や大学で他の生徒よりもよい成績を収めたとき、私は少し傲慢になりました。その一方で、自分をみんなと比べて欠けたところがあると、落ち込んでいました。シモーヌ・ヴェイユが、自身を兄のアンドレと比べてどう感じたのか、私には分かりました。最初に数学に魅了されたときに吸い込んだ甘い香りを感じることは、もうありませんでした。外的な善だけのために評価されたときに、その苦い残り香を味わっただけでした。私は喜びを失っていました。

数学は美しいものでしたが、私はそれを究極のものにしてしまいました。私の数学の成績は、単に進展を示すはずのものでしたが、自惚れの象徴になりました。数学の勉強は、私に控えめな自信を与えてくれるはずのものでしたが、自分を他人と比べるようになると、疑いの種を蒔くだけのものになりました。数学は、円を描いて、その中に自分の身を置く手段であると社会から教育された私は、数学が美徳を養うための遊び場ではなく、才能を見せびらかす展示の場と考えるようになりました。誰かが、「あなたは数学者なの？　私は数学が全然できなかったの」と数学の罪を告白するたびに、私は注目されたことを喜び、一緒になって、数学を「天才たち」のためのものと捉え、偶像崇拝に続く道をさらに深めました。そして私が葛藤するいま、この偶像崇拝的な見方は、「あなたはその一員ではない」という、たった1つの評決を自らに告げることになるのです。

私の重要性を約束してくれた数学の神は、結局は厳しい判決を言い渡しただけでした。そのことに気づいたとき、私は自分が去るべきだと知りました。自分に尊厳を与えるための博士号は、私には必要ありませんでした。

●数学をやめるか迷ったとき

私は自分のできる他のことを探し始めました。当時、金融業界は人気があったので、私は面接を受けました。数学に関する質問を受けて、他の人に説明するうちに、数学は、実際には、楽しくて素晴らしいものだということを思い出し始めました。面接のいくつかでは、思考方法を見るために、数学のパズルを解かされます。私はパズルが好きでした。パズルで遊ぶ楽しさ、特に何の利害もないときの楽しさを思い出しました。どのような形でも数学が自分の人生の一部でなくなったら、私は寂しく思うだろうということを認めました。これに気づいたとき、私は微笑みました。

同時期に私は、学部生の宿舎（ハーバードでいう学生寮）で住み込みのチューターをしていました。数学をやめるつもりでしたが、私の仕事は、数学の素晴らしさを下級生たちに教えることでした。彼らと会って面倒を見る単純なリズムの中で、自分の持つ苦悩から目を逸らすことができました。ここにいたのは真剣な学生たちで、彼らは数学に秀で、数学に興味を持っていましたが、他人よりも劣っているという理由で、自分が成功できるとは思っていませんでした。彼らは私と同じように深い失望を感じていたのです。自分の価値と尊厳を見出すために、他人と比較する必要はない、と彼らを元気づける一方で、私も心の中で、「自分自身もそのことを分かる必要がある」と言っていました。

大学院での最良の経験の１つは、数学の不思議さと喜びという手段を使って、チューターとして、下級生の面倒を見ることでした。数学の追究を通して人々を知ることが、私には楽しみでした。誰かとスポーツに興じるときにも同じ感覚が得られます。別の角度から彼らを知るのです。数学と葛藤する彼らと共に歩み、自分に対する見方を変えるように助言することを、光栄に感じました。人々があるアイデアを掴んで晴れやかな表情になるのを見るのが私は大好きでした。この世で得られる最高の感覚の１つです。

●無条件の愛が数学を成功に導く

この最終章で私が論じたい愛は、数学そのものに対する愛ではありません。本書をここまで読み進んでくれた読者なら、数学を愛し、探究する旅をすでに始めたことかと思います。私が話そうとしているのは、人々がどのように愛し合うかを、数学を使って解析することでもありません。それに関する面白い数学モデルもありますが[1]。

私が力説したい愛は、数学を通して、数学のために、人が他人に対して抱く愛です。欲望としての愛に、美徳としての愛が交わるのです。

愛は、人類が持つ最も偉大な欲望です。愛は、それ以外のすべての欲望（探究、意味、遊び、美、永続性、真実、葛藤、力、自由、コミュニティーに対する欲望）を満たし、愛はそれらの欲望で満たされるからです。数学を通して、数学のために愛するということは、孤立した人たちにコミュニティーを作ることであり、不公正な扱いを受けた人々が公正に扱われることを求めることであり、葛藤を通して成長するように助け合うことなのです。愛するということは、遊びと探究という贈り物をプレゼントすることであり、真実と美に対する欲望で成長することであり、数学を教えることで、他人に創造力を授けることなのです。誰かを愛するということは、心や魂、力だけでなく、気持ちの上でも彼らを自由にすることなのです。

そして愛は、すべての美徳の始まりであり、終わりです。それは愛が、数学の作り出す美徳も含めて、あらゆる美徳の中心にあるためです。数学を通して、数学のために愛するとは、希望を膨らませ、創造性を養い、内省を助長し、深い知識と深い研究への渇望を抱き続け、美や私たちが議論したその他すべての美徳に向けた気質を、私たち自身の中で醸成し、そして互いに奨励することです。

愛することと、愛されることは、豊かな生活を示す最高の証です。

でも、どのような種類の愛でしょう？

条件付きの愛に希望を持つのは間違いです。これは、刹那的な感覚に依存する、束の間の取引型の愛ですが、数学の空間では、その性質上、ほとんど効果を持ちません。取引的なやり取りは世の常です。例えば、私たちは社会から、「金持ち、強い人、高学歴者、権力者を尊重しなさい」というメッセージの重圧を受けます。悲しいことに、数学のクラスでも、家庭でも、状況は同じで、すでに能力のある人が注目を集めます。彼らが、私たちの関心を惹き、賞賛を集め、偉大なことを成し遂げると信じられる人たちなのです。そして、彼らが数学的な方法で成功するのは、私たちが彼らのことを信じているからなのです。でも、その他の人たちはどうなるのでしょう？

私は、数学の専門性が評価されるべきでないとは言っていませんし、偉業が認められるべきでないとも言っていません。これらの偉業は、人間が達成できる最上のものであり、私たち全員の名誉として祝福されるべきです。類い稀な予想の証明や、驚くべき数学の応用は、スポーツの記録を塗り替えた偉業のように、大々的に伝えられるべきです。それでも、そのような発見を行った個人は、他の人たちの肩の上に立っているのであり、ほとんどの人たちは無名で気づかれない存在だということを私たちは思い出さなければなりません。これらの個人の成功は、彼らが主導し、努力したことの証ですが、周りのコミュニティーが彼らに投資した証でもあり、彼らが生活で受けた恩恵の賜物でもあります。それらは彼らの力の及ぶ範囲を超えています。したがって、偉業の大部分はコミュニティーに属し、私たちが投資した人の生み出した産物なのです。

私がこう言うのは、自分自身を含めて、簡単に忘れられてしまう人たちの潜在力を育てるように推奨するためです。忘れられた人にも、偉業を成し遂げた人と同じくらいの尊厳があるのではないですか？　彼らは注目に値しませんか？　私たちは、数学の旅の開始地点にいる人を励ますことができないでしょうか？　数学では成功しなかった、忘れられた人たちを、私たちは抱擁するべきではないでしょうか？　これらの人たちから学び、彼らのアイデアを称賛し、彼らの経験に対して、尊大ではなく、謙虚な姿勢をとることは、私たちにとって有益なのではないでしょうか？

これは**無条件の愛**です。数学の実践を、身勝手な追究から、成功への力に変える約束ができるのは、この種の愛だけです。無条件の愛は、それぞれの人が、本人の行いとは関係なく、基本の尊厳を持つことを認めます。無条件の愛は、すべての人がそこにいて、私たちの前に座っているというだけの理由で、私たちの時代にとって価値があり、注目に値することを思い出させてくれます。無条件の愛は、誰かを愛するということが、彼らを本当に知ることであり、数学的な自己としてだけでなく、一人の人間として知り合うことだということを思い出させてくれます。

●数学教育に愛は必要？

数学教育を職業とする私たちは、「自分の仕事は数学を教えること」と言って、数学の教育は、事実と手順を教えるだけであるかのように振る舞うことがよくあります。忘れがちなのは、「私の仕事は人々に教えること」で、人々の経験は、自分自身とは全く異なる形で数学と相互作用することが多いという点です。これは、教育では、その人のすべて（彼らが学んでいる数学だけでなく、それを超えて、それぞれの人の喜びや悲しみ）を考慮しなければならないことを意味します。

数学を学ぶものとして私たちは、数学を、純粋な論理と冷酷でたくさんのルールに従うものとして崇める教育に巻き込まれてはいけません。誰がそんなものを学びたい、あるいは教えたいでしょうか？　数学の心はそこにはありません。数学を適切に実践することを、人間であることの意味から切り離すことはできません。

なぜなら私たちは数学をするマシーンではないからです。私たちは生きていて、呼吸し、感じ、血を流します。私たちは生身の人間なのです。私たちが切望するのは、遊ぶことであり、真実や美や意味を追求することであり、公正のために戦うことです。数学が、このような人間の欲望と深くつながっていないなら、なぜそのような学問を学ばなければならないのでしょう？　数学の中にある自分の独自性を大切にすることを学んでいる、数学の探究者として、あなたは、「人々を違う存在として読む[i]」運動の一端を担うことができます。

あなたとあなたの人生に関わるすべての人が、数学で豊かになれると信じてください。

これが愛という行為です。

なぜなら、あなたが他の人間を尊厳のある数学的思考者として賞賛し、その数学的な潜在能力を開花させる可能性を信じるとき、あなたは彼らを愛していることになるからです。自分の能力を存分に発揮する未来を予見し、数学の遺産が、人間として正当にあなたのものであると主張するのを誰にも邪魔させないとき、あなたは自分自身を愛しているのです。才能を自分が持っている・持っていないと話すのをやめ、勇気ある努力と頑張りで生まれる希望や喜びを通して、それぞれの人が育むことのできる美徳について話し始めるとき、あなたはすべての人たちを愛しているのです。愛するとは、すべての人が数学で豊かになれると信じることです。

そしてこれは、私たち全員にとっての挑戦です。なぜなら私は、このような理想には遠く及ばなかったからです。私は生徒たちをだめだと見限っていました。故意にではなく、無意識の偏見から見限ったときもありましたし、教えるという神聖な職務に必要な想像力に欠けていたため、故意に見限ったときもありました。

あなたの人生に、数学や科学の良き指導者に恵まれない、リカルドのような人がいるでしょう。あなたには、彼をたえず励ますことができます。あなたの人生には、自分のことを周りにいるアンドレと比べてばかりいるシモーヌのような人がいるでしょう。あなたには、彼女が自身の独自性を数学で確立する手助けができます。あなたの人生に、薬に溺れ、数学に興味を持たない怠惰な仲間とつるん

〔訳注ｉ〕第１章題辞のシモーヌ・ヴェイユの言葉を参照。

でいる、クリストファーのような人がいるでしょう。彼がどのような人生を送ってきたかを知っていれば、彼を見る目は変わるでしょう。

あなたとあなたの人生に関わるすべての人が、数学で豊かになれると信じてください。

●困難にある人を救う愛

クリストファーが刑務所から最初の手紙を私に書き送ってきた6年後から、彼は他の収容者たちが、GEDのテストを受けるための数学の勉強を手伝っています。彼は、自分の稼いだ乏しい収入を使って数学の本を買い、今では位相幾何学と高等解析を勉強しています。彼は言います。

> 自分の気分次第で、月曜日から金曜日までは、3時間から5時間程度勉強し、土曜日と日曜日はさらに2時間勉強しています。ここで勉強したり読んだりするのは大変です。なぜなら、自分の周りを囲い込むドアの付いた「昔ながらの」独房ではなく、すべてが解放されているからです。屋根のない縦横8フィート×10フィートの「独房」で、地面から6フィート伸びた壁があり、横の8フィート幅にできた3フィートの隙間が「ドア」の役割を果たしています。さらに私の部屋には「机」がないので、椅子2脚を使って勉強しなければなりません。でも、机のある独房に移れるように働きかけているので、もう少しでこの状況が変わればと思います。
>
> ただし文句ばかりも言っていられません。耳栓をして、2脚の椅子で、勉強します。

いま彼を怠惰だとか、無関心だと言う人はいないでしょう。15年前に彼の将来を予見する想像力が私にあったでしょうか？　当時の彼に、シモーヌの言葉でいう「超越的な王国」[2]が示されていれば、今頃彼はどこにいたでしょう？

あなたとあなたの人生に関わるすべての人が、数学で豊かになれると信じてください。

誰かが困難に直面していることが分かったら、その人を支援して、数学と人生における末長い擁護者になってください。数学で葛藤している誰かに対して、あなたは指導者、奨励者、応援団になれます。このために、上級の経歴を持っている必要はありません。すぐに簡単に忘れられてしまう人たちに対して、「あなたのことを見ているわ。あなたはきっと数学で活躍できる」、と言う人になって下さい。彼らの苦難を理解して、「大丈夫？　何か問題はない？」と尋ねる人になって下さい。

あなたとあなたの人生に関わるすべての人が、数学で豊かになれると信じてください。

すべての人は、違う存在として読まれたい、と心で叫んでいる。すべての人は、愛されたい、と心で叫んでいる。クリストファーが牢獄で探していたのは、数学のアドバイスだけではありません。彼が探していたのは繋がりです。彼の数学の空間に手を差し伸べて、「あなたのことを見ているわ。あなたがしている数学に、私も大いなる情熱を共有しているの。あなたは私と共にここに属しているのよ」、と言ってくれる人を探していたのです。

私が大学院で失意のどん底にあり、私の成功を信じない教授と闘っていたとき、ある教授が手を差し伸べて擁護者になってくれました。私が数学をやめるかもしれないと告げると彼は、「やめるよりも、あなたには、私と一緒に研究して欲しい」、と言いました。私に手を差し伸べたのは、寛大さ（身に余る親切）を示す行為で、本当の愛でした[3]。自己を見詰めた結果、すでに私は、自分の尊厳のために博士号が必要だという重荷から解放されていました。今や数学に戻ってくるチャンスを提示されたのです。今度は数学自体の喜びのためです。

二人の人間が、同じ星明かりの下で、同じ真実や夢を見るとき、気持ちを働かせ、心を開けば（つまり、互いを見定めたり、恥ずかしがらなければ）、彼らは真に向き合うことができます。互いにとってのベストを求める中で、彼らは労を惜しまず、相手がより多くのことを理解する手助けをするでしょう。私たちそれぞれは環境の制約を受けますが、想像に制約はありません。見放されたり、忘れられたりするのを望む人はいません。私たちはみな、違う存在として、真実の自分を読まれたいと思っています。私たちが驚嘆する星空、私たちに呼びかける優美なパターン、私たちが探索したくなる天体の対称性、これらは私たち全員が持つ宝物です。これらの贈り物を大切にできるのは、私たちを愛し、私たちの能力を信じてくれる人々の支えがあるからです。

そこであなたに問います。

あなたは誰を愛し、誰を違う存在として読みますか？

●数学が人生を豊かにすることに気づいた三人

少し振り返りながら終わりたいと思います。

最初はシモーヌ・ヴェイユです。数学に対する不安と闘った後、彼女は、葛藤を通して美徳へとつながる道があり、これで人々が救われることに気づきました。彼女はこう書いています。

私たちが隣人を心から愛するとは、彼に対して「何か問題はない？」と問いかけができることを意味します。それは、苦しんでいる人を、集合の中の一単位や、「不運」とラベル付けされた社会のカテゴリーの中の見本としてではなく、苦痛によってある日、特別な烙印を押された私たちのような人間として認識することです。ですから、そのような人を見つける方法を知ることは、十分なだけでなく、必要不可欠なのです。

ここでいう見つける方法とは、第一に気遣いです。見ている存在を、ありのまま、すべての真実として迎え入れるために、魂を空にします。

気遣いのできる人だけがこれをできます。

したがって、逆説的に思えるかもしれませんが、ラテン語の散文や幾何学の問題を解いて、たとえ答えが間違っていたとしても、私たちが正しい努力を注ぎ込んでいれば、いつの日か役に立つかもしれません。機会が訪れれば、このような努力によって私たちは、苦しんでいる人に対して、彼が助けを必要としているその瞬間に、まさに必要な手を差し伸べることができるでしょう[4]。

彼女は葛藤を通して美徳へとつながる道を見つけたのです。彼女は数学が人々を豊かにするためのものだということを理解していました。

次の手紙は、ニューヨーク出身の40歳の音響技師で、数学とコンピュータ科学を追究するために学校に戻ったリカルド・グティエレスからのものです。

私は20歳の学生たちのクラスに居ます。私は人生でまたとないような楽しい時間を過ごしています…　自分の中に存在していることに気づかなかった多くのものが、学習によって、解き放たれました。

戻ってきて以来、私は数学と葛藤しています。微積分は私を心底打ちのめしました。20年間も中断した後で、再び学習するのはとても難しいことが分かり、私がかつては本当に得意だったと想像するのが難しいほどです。理解するために自分の脳を作り変えようとして痛みを感じ、失敗しましたが、それでも私は自分が、これまでよりも生き生きしていると感じます。

リカルドは、葛藤があるからといって、数学を追究するという彼の目標をあきらめていません。彼は、数学が人々を豊かにするためのものだと理解しています。

そしてこれは、私がアメリカ数学協会会長として行ったスピーチを読んだ後、私に手紙を送ってくれた、データ科学者のマックス・トリバからのものです。

あなたの素晴らしい記事「人類繁栄のための数学（原題：*Mathematics for Human Flourishing*）」を今読み終わり、ちょっとした個人的な物語を伝えなければならないと感じました。私は２年生のとき、引き算で葛藤して、先生に助けを求めました。彼女は私を睨んで、「そんなに難しくないのだから、理解しなければいけない」、という意味の意地悪を言いました。私は机に戻って、自分がひどく間抜けであるかのように感じました。それ以来、私が数学で助けを求めることはほとんどなくなり、葛藤した割には、大学まで平凡な成績に終わりました。

大学では、航空工学を専攻する学生に恋し、彼女の数学への深い理解に驚きました。同時に私は経済学に対する情熱を見出し、このことを通して、複雑な現象をエレガントに説明する数学の能力に惹かれました。私は学士号しか持っていませんでしたが、卒業して以来、応用数学に関する仕事に就くことができました。今では、ヘルスケアにおける時系列解析を行っています。私の辿ったこのような軌跡を、8歳のときの私に伝えることさえできたらいいのですが。

数学と人が出会う美しい交差点を発見することは、私の心の中で、いつも特別な位置を占めるでしょう。私が辿った道は、性別、能力、人種、それ以外のことに関わらず、誰もがこの素晴らしいものに関われる、という私の視点を形作ってくれました。

最初は数学から目を背けていましたが、その後、愛を通して引き戻されたマックスは、今や、数学が人々を豊かにするためのものだと理解しています。

本書を通して、あなたに独自の数学の旅をする勇気を授けることが、私の希望であり喜びです。今やあなたは、「自分が数学向きの人間ではない」と感じることはないでしょう。なぜなら、あなたは人間であり、数学をすることが、人間であることと、どれだけ緊密に結びついているかを知っているからです。数学は、極めて人間的な試みであり、私たち全員が共有する基本の欲望に根差し、私たち皆が志向する美徳で高められます。そのような数学について、他の人たちと話し合ってほしいと思います。この視点を大切にすれば、数学を通して、数学のために、私たちは互いに深く愛し合い、互いの成長を手助けできます。

あなたの行うすべての探究に、シャーロームとサラーム、恵みと平和あれ。あなたとあなたの愛を必要とするすべての人たちに、豊穣あれ。

この2年間、私はこの施設で、GEDテストの数学のチューターとして働いてきました。

ここの教育部門の運営はとても非効率ですが、それでもなんとか、12人の同僚の収容者がGEDの資格をとる手助けができました。今から数年で釈放される若者がおり、彼はここを出たら、学校に戻って工学を学びたいと言っています。そこで、この先2年の間、彼が代数II、大学代数、幾何学、三角関数、微積I、微積IIを学ぶ手伝いをするように努めています。

特に数学が得意だったという訳でもない26歳の女性が、技師エンジニアになるために学校に戻る決意をしたという新聞記事を最近読みました。人は、私のような環境に置かれると、精神がベストの状態ではなくなることもあります。でも今の私は大いに励まされて、数学者になるという目標を叶えるために倍の努力をしたいと思います。いつか釈放されたら、数学を教え、学ぶことができるようになりたいのです…

数学を学ぶことは、以前の私よりも善い人間に成長する機会を与えてくれました。将来にはさらに善い人間になって、自分に与えられた道を、終わりまで幸せに、忠実に辿るつもりです。

2017年5月31日

クリス

エピローグ

フランシス：あなたの物語をこの本で伝えることを許してくれて、心が広いですね。何年もの間、書簡をやりとりしたことに感謝しています。私と同様、他の人たちがあなたに啓発されれば素敵です。読者のために、もう少しあなたの経験についてお話ししてもいいですか？

クリス：もちろん。本を通じて私の物語を共有してくださったあなたも、心が広いと思います。私たちがやりとりした大量の書簡から、私は多くのことを学びましたし、それが他の人たちを啓発できるなら素晴らしいことです。

フランシス：読者たちは、数学を通したあなたの旅を見てきました。最初は初等数学の教科書、そして後半では、より高等な数学書を通した旅でした。すべての用語は分からないにしても、今やあなたは、数学の専門家が読むジャーナルを読んでいます。あなたには高度な論文を読む持続性があります。数学を学んでいた私があなたの段階にあったときには、そこまでの持続性はなかったと思います。

クリス：わたしにとって数学は、Minecraft（マインクラフト）[i]のような、物事を創造するための入り口のようなものです。抽象的な物事が好きな私には、数学は多くの事柄に対するメタファーのように見えます。数学には力があり、広がりがあり、多くの物事を完全に繋いでいるように見えます。そこに私は何を見るのでしょう？ そうですね、このような例を使わせてください。論理学の教科書を勉強して、論理について学び、理解します。そして普段会話をする人の所にいって、討論します（あなたにいい討論相手がいれば）。彼らが全く論理的でない議論を展開していたら、なぜ彼らの論理が崩壊しているのかが文字通りに「分かり」、彼らにそのことを説明できます（必ずしも、彼らを説き伏せるとか、討論に勝つことを意味するものではないですが）。論理を扱うだけでも、これだけのことができます。

フランシス：このような質問をしてみたいです。数学をする、あるいは創り出す過程について、あなたが学んだことは何ですか？

クリス：数学をするには、たくさんの違うやり方があって、あなたは自分にとって最良の方法を選ばなければならない、ということです。ときには、型破りな考え、型にはまらない考え、あるいは論理に反する考えであることもありますが、いろいろな考えでうまくいきます。もちろん、大いに集中する必要があります。数学には創造性が必要です。

フランシス：確かにそうですね。探索は創造性を刺激します。読者

〔訳注 i〕ブロックでできた世界で、ブロックを採取したり、建物を作ったりすることができるビデオゲーム。

にも今や私の考え方が伝わったことと思います。数学は、私たちを豊かな生活へと導く力であり、人間の基本的な欲望を普遍的に扱うことができます。適切に数学を実践することで、美徳が育まれるという利点があります。このメッセージであなたはどのように励まされ、あるいは意欲をかきたてられたのか、そして、数学を追究することで、どのような美徳が自分の中に育まれたと感じるかに興味があります。あなたは私が原稿を書いている際に、批評してくれたので（ありがとう）、このことは深く考えたと思います。

クリス：私たちが話した多くのことは、励みになりましたし、意欲をかき立ててくれました（この2つのことはそれほど違わないと思います）。この本に書かれていることのほとんどすべてが、励みと意欲になりましたが、私にとってあることを明らかにした一行がありました。「創造力とは謙虚なもので、他者を第一に考え、他者の創造力を解き放とうとします」（p.159）というくだりです。私は自分の責任で行ったことに真に向き合ったとき、たくさんの間違いを犯したことを実感しました。そして今は、（できればたくさんの）正しい行いをしたいと思い、自分がしたことと、それが私の周りの人たちや環境にどう影響したかについて、本当に注意を払うようになりました。人々に教え始めたとき、自分の思いをうまく言葉にできませんでしたが、私は、「他者の中にある創造性を解き放とうとする」ことに重きを置いていました。

数学は私の忍耐力を高めるのに役立ちました。鬱憤のたまる状況に対処しているときには、無限の忍耐力を持たなければならないと自分に言い聞かせました。それと、ある問題に対して、答えが見つかるときがやって来ることも私は経験しました。今はちょっと答えが分からないけれど、少し間を置いて戻ってくるか、あるいは次の日、その次の日に、答えが見えるかもしれないという経験です。

でもそれは、自分が答えを見つけると思い続けていればの話です。いまのところこの方法で、10回中9回、うまくいっています。そして私は、コミュニティーについても理解しています。率先して互いに教え合わなければ、誰も偉大にはなれません。

フランシス：その通りです。もちろん、私は本書の中で、数学はあらゆる病に対処できる万能薬だと考えているわけではないことを示してきました。人間の抱えるすべての問題を解決することはないでしょうし、人類の最終目標に対する精神的な答えを与える訳ではありません。でも、充実した人生を送るのに重要な役割を果たしますし、あなたの経験が、そのことを実証しています。あなたの追究した他の事柄で、あなた自身を豊かにしたものは何ですか？

クリス：私はチェスの指し方をたくさん勉強しました。あと運動は、私に耐久力をつけてくれます。特にランニングです。1/2マイルごとにやめたくなりますが、そんな衝動に抗い続けると、知らない間に4、5マイル、時には10マイルも走っているのです。実のところ、たくさんの人たちの言うことに耳を傾けて、多くを教わりました（彼らが言っていることを真剣に聞き、深い関わりを持つのです）。またこれによって私は、（あなたがいつも言うように）視点を変えるように努め、柔軟でいられるようになりました。

フランシス：あなたからの手紙で、人々は大いなる啓発を受けると思います。これらの手紙はすべて、私たちが本に載せることを決める以前に書かれました。読み返してみて、どうでしたか？

クリス：そうですね。手紙を読み返すことで、私は、視点を変えて、自分の言ったことを批評することができました。過去に戻って、自分の書いたもの（詩や手紙など）や、それに対する人々の返答を読んでみたいです。人々との関係がどのように変わり、その人がどう変わり、私がどう変わったかを見たいです。私たちが初期にやりとりした手紙やその他の書簡を読むと、自分の知識がどれだけ深まり、広がったのかが分かります。

フランシス：私にもそれが分かります。あなたのことをとても嬉しく思います。そしてあなたは今、刑務所で他の人たちに教えていますね。彼らの数学の見方を変える手助けをするために、あなたは何と言っていますか？

クリス：私は、犯罪で有罪となった人たちに教えています。私たちの多くは、過去に薬物を売っていました。ですので、売人と買い手の用語を使って説明すると、問題を克服できることがよくあります。最近では、直線の傾き、一定の変化率、線形関数を教えていましたが、「xは独立変数、yは従属変数、xは時間、yはお金です…もし1時間で7枚のシャツを売ったなら、3時間で何枚売れたでしょう…答えは21枚です。4時間あるいは5時間ではどうなりますか？これが一定の変化率です」というような言い方をします。このように私は、彼らの実生活の話にするように心がけています。

フランシス：読者たちは手紙から推察しただけですが、あなたは本当に大変な一年を過ごして、最後にいた刑務所の施設では、不当な処分に苦しみました。現在は状況がよくなったようで本当に嬉しいです。刑務所の生活で一番大変なのは何でしたか？

クリス：私のような気ままな人間にとって、自己支配が失われるのはもちろん大変です。ほとんどの場合、自分自身の時間さえ（一日の過ごし方に関しては）管理できないので、それは辛いです。これは、時間を監禁される刑なのです。人間以下の扱いを受けるだけではありません。（全員ではないですが）そのような扱いをする職員も何人かいます。そのことが精神に及ぼす影響として、私はそれほ

遠方の地から５年間、書簡のやり取りをした後、2018年11月にクリストファー・ジャクソンと私は初対面しました。刑務所の壁に描かれた壁画が背景になっていますが、ここが、刑務所当局が写真撮影を許可する唯一の場所です。

どひどく陰鬱な状態にはありませんでしたが、それでも気分は晴れませんでした。変化のない毎日、脱力感の強制、それは「仮の存在」（どこで読んだか忘れましたが）でした。

　言い方を変えましょう。あなたが人生で何かを成し遂げたいと思う人なら、間違いなくこの状況は耐え難いでしょう。目標のない、意味のない存在へと強制されるようなものです。数学は、私に集中する目標を与え、大きな助けとなりました。さらに、他の人たちに数学を教え、彼らが教育全般に興味を持って取り組むようにする、という別の目標にも広がりました。

フランシス：この本では、人種に関する議論にも時間を割きました。

簡単ではない話題ですが、人種に関連して、人々は多くの異なる経験、なかには苦痛を伴う経験をしています。私たちが数学に関して、人々にどのような仮定を置くかを、自己内省して欲しいと思ったのです。アフリカ系アメリカ人としてあなたは、教育面や、生活全般でどのような障壁に直面しましたか？

クリス：私が若いとき、学校では、それほど悪い経験はしませんでした（私がその原因になるようなことをしなければ）。オルターナティブ・スクール[ii]に行っていなかったとき、私は、人並みの学校に通い、様々な人種の善い先生たちに習っていました。大人になってからの人生すべてを刑務所で過ごしてきたので、私の経験のほとんどは、刑務所での経験です。私が10代で外の世界にいたときの生活は、あなた自身か、あなたの親しい人がそのような生活を送っていなかったら、理解できないでしょう。私は、自分でも理解できないような状態にまで堕落していたのです。それでも、警備の緩い刑務所に入って以来、黒人ではない他の受刑者からの人種差別に加えて、年配の黒人受刑者や職員からの差別も経験しました。人々は、若い黒人男性を見ると、何も知らないだろうと思うのです。私には滑稽です。私はおそらく怒るべきなのでしょう。でも、私が今いる場所を考えてください。ほとんどの人は、自分に見えること、あるいは自分に見えると思っていることしか理解できないのです。ですので、私には大笑いです。あまり気になりません。

フランシス：長年書簡のやりとりをした後、数か月前に初めて直接会うことができてよかったです。どうなることかと少し緊張しましたが、本当に楽しみにしていました。文書を通してのみ知り合っていた人と直接会うのは、ある種不思議なものです。でも、チェスを

〔訳注 ii〕従来とは異なる教育方法を採用している学校。

2ゲームすることで、場を和ませることができました。2回とも私の完敗でした！　あなたにとって、私との初対面はどのようなものでしたか？

クリス：あなたはそれほど緊張していませんでしたし、少なくとも私には分かりませんでした。そしてあなたは長い間チェスをしていないとも言っていたので、そのことも私が勝った要因でしょう。あなたとの話は本当に楽しいものでした。私は自分が熱情的に話すということを知っています。仲間たちにはいつも、「いや、クリス、君は攻撃的ではないが、確かに、自分の言っていることを強く信じているかのように話すね」と言われます。場が和むと私たち二人は勢い込んで話し、私はたくさんのことを学びました（二乗を4で割った余りは0か1であることなど）。あなたはその問題を簡単に解き、謙虚さを忘れず、動機付けを与え、寛大でした。素敵なことだと思い、見習おうと頑張っています。

フランシス：同じことはあなたに対しても言えます。あなたも熱心で、考え深く、謙虚で、寛大です。あなた自身の若いころに、今のあなたはどのようなアドバイスをしますか？

クリス：若いクリスに対して、最初は少しきつく話さなければいけないでしょうが、一度、私の言うことを聞かせたら、彼は私に耳を傾けると思います。私はいつも、自分よりも少し年長者の言うことを聞く傾向がありました。特に尊敬する年長者の言っていることが理にかなっているようなら、耳を傾けます。彼はとても頑固なので、続けざまに話さなければならないでしょう。彼に対する私の主なメッセージは次のようなものです。「格好いいことや、周囲にうまく溶け込むことよりも、自分の身の回りで起こっているあらゆる事柄を理解する方がはるかに重要です。世界は君が思うよりもはるかに広いのです。君が人生と将来で達成したいと思うことを、危険を冒すことなく実現する方法は、数えきれないほどあります。そして、人の人生や将来ほどに価値のあるお金なんてありませんし、私たちのような人間が追求しがちなものは、現実には重要ではないのです。」 若いころの私は、とても強情で、それが現在の私の強い意志に発展しましたが、今の私のような人間なら、当時の彼を説得できたと思います。

フランシス：前に進むにあたって、望んでいることや、恐れていることは何ですか？

クリス：私は善いことを少ししかしていません。続く人生では、もっと善いことをしたいと思います。以前の私のような若者たちに手を差し伸べて、彼らが、私が経験したことを経験せず、私がしたことをせず、私が自分の家族や愛する人たちに味わわせたことを、彼らの家族や愛する人たちには味わわせないようにしたいです。自由の身になったら、もっと多くの人が教育に胸をときめかせるようにしたいです。この考えを妄想に終わらせず、より多くの人が、自分の持っている力を理解し、活用できるようにしたいです。私が恐れていること？　自分が成功しないことを恐れているとは言えますが、それは私たちみんなが恐れていて、私に限ったことではないので、含まれないでしょう。でも、私が以前に抱いていた恐れをお伝えすることはできます。以前私は、あまりにも長い間ここにいて、冷笑主義に打ちのめされ、前向きに進んで、自分が出所したときにしたいことをするエネルギーを失ってしまうことを恐れていました。もはやこのような可能性はあまりないと思います。でも私には本当に恐れがありません。これを乗り越えることができたら、将来、私の目の前に置かれたいかなる困難も乗り越えられます。

フランシス：クリス、読者に対して、あなた自身のことと、あなたの物語を打ち明けてくれてありがとうございます。どれだけ厳しい状況にあっても、あなたの人生は豊かです。

クリス：私が物語を伝えるのを助けてくれてありがとうございます。私は幸運でした。私の周りにいて、私が頑張っている間も近くに留まってくれた人たちのお陰で、私は、豊かな生活を送ることができています。ありがとう。

＊　　＊　　＊

クリスが最初に投獄されたのは、19歳のときでした。彼は、32年の刑期の内、13年を務めました。連邦制度では仮釈放[iii]はありません。善行により刑期が短縮されたとしても、出所は最短で2033年になります。彼の刑期は2件の有罪判決に対するもので、それぞれだけで7年の刑に相当しますが、非常に厳しい刑法のために、2度目の犯罪に対しては、初犯の7年に25年が加えられました。2018年に連邦議会で可決されたファースト・ステップ法で、彼が有罪判決を受けたような犯罪に対する刑期は短縮されましたが、遡っては適用されませんでした。もしされていれば、今ごろ彼は自由の身になっていたでしょう。

本書への貢献により、クリスは印税の一部を得ています。社会では、主流から外れた人々の労力が無償で使われることがしばしばあることに私は留意しています。

数学はクリスに、豊かで充実した人間らしい生活を送る助けになってきました。数学なしに、そのような生活は、刑務所では送れないでしょう。彼は、他者が豊かな生活を送る手伝いもしています。

〔訳注ⅲ〕収容期間満了前に仮に釈放されること。

刑務所の中にも外にもクリストファーのような人々がたくさんいます。私のホームページ（francissu.com）では、あなたの支援で豊かになれる（そして他者を豊かにできる）人々に手を差し伸べる組織や情報源の一覧を整備しています。

　あなたの人生にも、クリストファーやシモーヌがいるかもしれません。あなた方は、互いに励まし合えるのです。

欲望と美徳

本書で述べたすべての美徳に関する一覧をここに載せます。基本的な人間の欲望に根差すとき、これらの美徳は、数学の追究を通して育まれます。欲望は章の題目になっており、それぞれの下に、私が議論のために選んだ美徳が挙げられています。

探　究

想像
創造
魔法に出くわす期待

意　味

物語を構成すること
抽象的に考えること
持続性
熟考

遊　び

希望に満ちた考え
好奇心
集中
葛藤に対する自信
根気
忍耐力
視点を変える能力
心の開放性

美

内省
喜びの感謝
超越的な美
一般化の慣習
美に向かう気質

永 続 性

論理への自信

真　実

深い理解の渇望
深い研究の渇望
自分で考える力
厳密に考える力
慎重
知的な謙虚さ
誤りを認めること
真実の信頼

葛　藤

忍耐力
動じない性格
新しい問題を解く力
自信
熟達

力

解釈、定義、定量化、抽象化、
視覚化、想像、創造、戦略化、
モデル化、多重表現、汎化、構
造同定のスキル
謙虚な性質
献身的な性質
人を励ます性質
奉仕の心
他者の創造力を解き放つ決意
人間の尊厳を高める決意

公　正

非主流派の人たちへの共感
抑圧された人たちに気遣う
現体制に挑戦する気持ち

自　由

知恵を働かせること
質問することを恐れないこと
独立した考え
挫折を踏み台と捉えること
知識に対する自信
発明
喜び

コミュニティー

もてなし
優れた教え方
優れた指導
他者を肯定する気質
内省
人々への気遣い
弱さ

愛

すべての美徳の始まりであり、
終わりでもある愛

内省のために──さらなる議論のための質問集

私たちの数学観とその実践は、内省と行動なしには変わりません。さらなる議論を始めるために、以下にいくつかの質問を挙げることにします。私のホームページ（francissu.com）では、本書に関連して、教師に役立つであろう、他のリソースも更新されています。読み物の一覧も、文献へのリンクと共に掲載されています。

●豊かな生活

これらの3つの質問は、本書を読む前に考え、読み終わった後に再び戻ってきて、自分の答えを比べてみるといいでしょう。

1. 数学とは何ですか？　1、2行で友達にどう説明しますか？　あなた、あるいは、あなた以外の人にとって、数学を学ぶ目的は何だと感じますか？
2. 数学をすることと、人間であることの間には、どのような繋がりがあると思いますか？
3. 数学をした結果として得られた美徳について説明してください。

●探　究

1. 何かを探究することに夢中になったときのことを考えてください（例えば、場所、アイデア、ゲームなど）。数学をすることと、これらの探究をすることの間には、どのような類似性がありますか？
2. 次のような言明について考えてください。「航海士たちは、彼らの社会において、数学の探究者でした。彼らは、当時直面していた問題を解決するのに、注意深い調査、論理的な推論、空間的な直感を用いていました。」 任意の文化的な慣習を選んで、その中に、数学的な思考がどのように現れるかを考えてください。

③ あなたが人に数学を教えるとします。数学をする中で魔法に出くわすことを心待ちにできるように、彼らを訓練するにはどのような方法がありますか？

●意　味

① 「数学的なアイデアは、メタファー（暗喩）です。」 同じ数学のアイデアを複数の状況で見たとき、出会うたびにそのアイデアがどう強められたかを思い出してください。

② 抽象化は、アイデアの意味をどのように豊かにしますか？　自分自身の経験から、一例を説明してください。

③ 「数学はパターンの意味に深くかかわる技術である」、という言明について、数学は科学的な発見の一翼を担うという視点から考えてください。

●遊　び

① 遊びで連想する活動について考えてください。それらの遊び心豊かな側面について、あなたの好きな事柄をすべてリストに挙げてください。そのリストに数学的な活動との類似性はありますか？

② ある人たちは、問題を解くときに、根気と望みを持っており、それについて長時間考えを持続できます。その他の人たちは、すぐに諦めてしまいます。数学の遊びを通して、希望に満ちた考え方と根気をどう養うことができますか？　このことを、スポーツの学びと比較してください。

③ 数学の遊びでは、「見方を変えて、異なる視点から問題を見ることが必要になります」。　このような美徳は、人生においてどう役に立ちますか？

●美

① 感覚的な数学の美、驚くべき数学の美、洞察に富む数学の美、あるいは、超越的な数学の美について、自分の経験を話してくださ

い。その経験であなたはどう感じましたか？

2 あなたが学校で経験したことすべて、例えば、違う科目を履修したときのクラスについて考えてください。美に対する人間の欲望を暗に認めるような経験はありましたか？

3 世の中で、数学的な美を見つけることができるのはどこでしょう？

永続性

1 日常生活であなたが信頼する、数学の法則、真実、あるいはアイデアは何ですか？

2 なぜ数学が避難所になるのでしょう？　それは、誰にとっての避難所ですか？

3 世の中の多くのものは時間が経つと変わります（微分積分学は、そのような変化を調べるために作られたことを忘れないようにしましょう）。数学の法則は、時間が経っても変わらないことを知って、あなたは驚きますか？

真実

1 浅い知識（何についてでもいいです）しか持たなかったために、惑わされたときのことを思い出してください。あなたはどう感じましたか？　なぜ深い知識は、そのような罠に対抗する手段になるのですか？

2 ある議論で対立する政党は、同じ事象について、違う視点を持っています。双方の視点は正しいかもしれませんが、それぞれは、全体像のほんの一部なのかもしれません。真実の全体像を知っていることが有利になるのはなぜですか？　同様に、数学で、真実の全体像を知っているとは、どのようなことですか？

3 異なる視点を持つ人たちと話し合い、彼らの考えを尊重するために、数学的な考え方はどう役立ちますか？

●葛　藤

1. あなたの好きな活動について説明し、その活動と関係すると思われる内的な諸善と外的な諸善について、すべてをリストに挙げてください。次に、あなたの好きではない活動について考えて、同様のリストを作ってください。これらのリストについて、気づくことはありますか？
2. 数学はどのような内的な諸善を提供してくれますか？　これらの諸善を他者と共有するとき、どのような相乗効果が生まれるか議論してください。
3. あなたが数学を教えるとき、どうすれば生徒が結果だけでなく、葛藤する過程に価値を見出すように励ますことができますか？

●力

1. あなたが最近挑戦した数学の問題について考えてください。その探究の中で、数学のどの力（解釈、定義、定量化、抽象化、視覚化、想像、創造、戦略化、モデル化、多重表現、汎化、構造同定）を発達させましたか、あるいは、使いましたか？
2. 数学をする枠組みの中で、あなたが目撃した創造力と強制力について議論してください。
3. あなたが教える立場にあるなら、数学をする創造的な人間として、生徒の尊厳をどのように認めますか？

●公　正

1. 数学教育の方法を変える必要があることに人々が気づいていたのなら、なぜいまだに変わっていないのでしょう？　それ以前と同じやり方を続けることで得をする人は誰でしょう？
2. 私たち全員が無意識に偏見を抱いています。どうすれば、数学の空間から偏見を減らすことができるでしょう？　数学の空間における偏見で傷つくのは誰で、それはなぜでしょう？
3. 数学の空間で、あなたはどのような不平等に気付きましたか？

これらの不平等で傷ついているのは誰ですか？　当たり前の答えに留まらず、より深く考えてみてください。

●自　由

① 知識の自由、探究の自由、理解の自由、想像の自由のどれでもよいので、あなたが自由を経験した状況について説明してください。

② 数学の空間で歓迎されていると感じていない人は誰でしょう？　あなたの周りにいるこのような人たちに、歓迎の自由を広げるにはどうすればよいでしょう？　あなたのできる具体的な行動について考えてください。

③ 数学のクラスで、あなたが自由だと感じた経験はどのようなものでしたか？　支配的だと感じた経験はどのようなものでしたか？

●コミュニティー

① 数学の実践を充実したものにするためには、なぜ、もてなし、あるいは、優れた教え方・指導が中心になるべきなのでしょう？

② どうすれば、参加者が互いに切磋琢磨し、業績に焦点を当てすぎないようなコミュニティーを、クラスや家で作ることができるでしょう？

③ 数学のコミュニティーに属していないという感覚を人に伝えるためには、どのような行動がとれるでしょうか？

●愛

① 「美徳を養うための遊び場ではなく、才能を見せびらかす展示の場」と捉えると、数学をどのように悪用できますか？

② 出会う人ごとに、彼らを尊厳ある数学の思考者として尊重するには、どうすればよいでしょう？

③ 数学の文脈で考えたとき、あなた方の中で、忘れ去られた人たちは誰ですか？　あなたは誰を愛し、誰を「違う存在として読み」ますか？

謝　辞

まず最初に、この本と、そこに書かれているアイデアと共に時間を過ごしてくれた、あなた方読者に感謝します。シモーヌ・ヴェイユは、「注意とは、最も稀で純粋な形の寛大さである」、と言っています。執筆過程には多大な努力を要しましたが、よい意味で、自分の気に掛けていることを深く考え、細心の注意を払ってそれらを表現することができました。自分の経験を内省する際に、私をあなたの空間に受け入れてくれたことに感謝しています。数学では、人間としての私たちに訴えかけるものを見失ってはいけません。

伝統的な数学書ではないこのプロジェクトを信じてくれた、ジョー・カラミアとイェール大学出版には、たいへんお世話になりました。思慮深く、我慢強く、賢いジョーと仕事をするのは大きな喜びであり、私が言わんとしている重要な点について、彼は批判的なアドバイスをくれました。私の言葉の響きを本来よりも高めてくれた、コピーエディターのジュリアナ・フロガットと、本作りで素晴らしい仕事をし、視覚的に魅力あるものに仕上げてくれた、出版局のマーガレット・オッツェルたちにも感謝します。友人のカール・オルセンには大感謝です。タイトなスケジュールにもかかわらず、彼は、各章の始めに華麗なイラストを描き、数学の本が人間的に感じられるようにする、という私の目標を達成してくれました。

会長としての私の文書を、話の出発点に使うことを許可してくれたアメリカ数学協会（Mathematical Association of America：MAA）に感謝します。この本の一部は、アメリカ数学協会月報（*American Mathematical Monthly*, 124, pp.483–493, 2017）に掲載された私の演説「人類繁栄のための数学（Mathematics for Human Flourishing）」と、私がアメリカ数学協会フォーカス（*MAA FOCUS*）に執筆した、会長の定期コラムから改編されました。私が会長を務めたアメリカ数学協会のコミュニティーで活動する人々を愛おしく思います。彼らは高等教育における数学の授業を改善するために、日々休むことなく働き、私が本書で書いたことを尊重してくれます。

たくさんの善良な人々の配慮があって、この本は形作られました。多くの人は、本の進展を優しく気遣ってくれました。家族や友人、とりわけ妹のデビーは、本の執筆と（私の！）結婚式の計画で忙しいときに、手厚く支援してくれました。ジェニファー・ワイズマン、ソーレン・オーバーグ、ジョン・フラー、ロブ・デウィット、マーク・テーラーを含む数名は、専門的な疑念が出た際にも私を励まし、心の支えになりました。トム・ソング、ザック・マーシャル、フィル・チャとの近年の友情に感謝します。私の学部指導教員であったマイケル・スターバードと、私が数学をやめることを慰留してくれた、博士課程指導教員のパーシ・ディアコニスがいなかったら、私は今、数学者になっていなかったでしょう。

ハービー・マッド大学の同僚たちは協力的で、私がよりよい数学教師になるための幅を広げる支援をしてくれました。彼らと共に働くのは楽しみでしかありません。イボンヌ・ライ、ダリル・ヨン、ベン・ブラウン、エリザベス・ケリー、マイケル・バラニー、デービッド・ウィリアムソン、ジョン・クック、デーブ・ヘンレクソン、キム・ジョンゲリウス、アート・ベンジャミン、トリ・ノケス、私のライティングクラスの新入生たちを含めて、多くの人たちが、本書の草稿を読んで、本質的な批評コメントをくれました。彼らのお陰で、私の言わんとしていることがとても明確になりました。特に、ロビン・ウィルソン、ラス・ハウエル、パト・デブリン、ロン・テーラー、ジョシュ・ウィルカーソン、匿名の査読者には広範に及ぶ意見をいただきました。彼らのコメントを受けて、ほとんど違う本に生まれ変わったといってよいでしょう。また、アドリアナ・サレルノ、ジュディ・グラビナー、ヨン・ヤコブセン、レイチェル・レヴィ、マイケル・オリソンとの会話も、とても役立ちました。本書の元となるアメリカ数学協会の演説作成を手伝ってくれたマット・デロンは、感謝に値します。

とても忠実な友人であり、長年にわたって賢明な忠告をくれたデービッド・フォスブルクとの定例の昼食での会話から、この本のアイデアの多くは生まれました。

本書で表現された、物の見方に対する責任は、私個人に帰属します。

クリストファー・ジャクソンと知り合えたことをどれだけ幸運に思うか、本当にどう表現してよいか分かりません。自分がすでによく知っていると考えていたことに光を当ててくれる彼のような友人を持つことは、特権だと思います。私の本の原稿を読み、自分の考えを私と議論してくれた彼の熱意に感謝します。私たちの社会は、彼のような状況にある人たちに対して門戸を広げ、贖罪の道を作るために向上してゆく必要があります。行き過ぎた処罰と大量投獄は終わりにしなければなりません。この本がそのことを明確にする一助になることを希望します。

愛しい妻のナタリーは、私にとって、たゆまぬ支援と導きの源です。長い間、この本のプロジェクトに関するパートナーとして、私がよりよい作家になるだけでなく、より善い人間になるように後押ししてくれました。彼女の慈悲深い心と、社会から忘れられてしまった人々への気遣いを、みなさんに知っていただきたいです。結婚した最初の年であったにもかかわらず、彼女はこの本を自分のプロジェクトでもあると考え、すべての段階で支援を惜しみませんでした。彼女は、愛、友情、パートナー関係を真に描いた存在です。私たち二人は、自分たちを支援してくれた誠実なコミュニティーを持ったことに感謝しています。そしてイエスの信奉者として、すべての人間の尊厳を守り、私の豊かな生活を持続させてくれる神に感謝します。

2019年1月

フランシス・スー

X（旧 twitter）：@mathyawp

ウェブサイト：francissu.com

訳者あとがき

●原著者について

原著者のフランシス・スー氏は、ハービー・マッド大学の数学科教授で、アメリカ数学協会会長を務めた現役の数学者です。本書は、スー氏が数学について一般向けに書いた初めての著書となります。英語の原題は『*Mathematics for Human Flourishing*』で、直訳すると『人類繁栄のための数学』となります。人類という大きな視点から数学を眺めると、そのような題目がふさわしいのですが、邦題はより個人の視点を大事にして、『数学が人生を豊かにする』としました。「数学は人としての営みそのものであり、すべての人が数学を通して豊かな人生を送れる」というのが、本書のメッセージだからです。章ごとに書かれているように、数学には、人が生きてゆく上で経験するあらゆるエッセンス（探究、意味、遊び、美、永続性、真実、葛藤、力、公正、自由、コミュニティー、愛）が凝縮されており、人として生きている私たちは、誰もが数学者なのだということを、スー氏は伝えようとしています。

●なぜ数学嫌いになるのか？

数学と言うと、「難しくて厄介なもの」、「たくさんの公式を覚えなければならないもの」として敬遠されがちなのは万国共通で、日本も例外ではないでしょう。私自身は、大学の理工学部で応用数学や確率統計学などの数学科目の教鞭をとる身ですが、理工系を専攻する学生でも、数学に苦手意識を持っていることが多いのが現状です。大学に至るまでの過程で、学生たちは、なぜ数学嫌いになるのでしょう？本書にも述べられている通り、１つの要因は、画一的で多様性を受け入れない学校教育にあるのではないかと思われます。

例えば小学校で、「１個100円の林檎を３個買うといくらか？」という問題が出されたとしましょう。あなたはどう答えますか？　答えは300円ですが、計算の過程を「３×100=300」とすると不正解となる場合があるのだそうです。なぜか分かりますか？　算数の教程では、掛ける数字は右側にくるのが標準的で、「100×３=300」と答えるのが模範解答だからです。しかし、掛け算には交換可能性と呼ばれる性質があり、掛け算の結果は、掛けられる数と掛ける数の順序には依存しません。掛け算を練習する中でそのことに気付いた生徒は、掛け算の理解をより深め、数学の世界観を広げることができます。でも、答案で掛ける順番を逆にしたことでバツをつけられたらどうでしょう？賢い子どもは、意識して、教員の採点方式に合わせるようにすることもできるでしょうが、そんな器用な子どもばかりではありません。多くの生徒は、自分で考えることをやめ、先生の考えに盲目的に従うのが得策だと思うでしょう。このようなことが積み重なると、数学は、内容を理解せずに、教えられる通りに公式を暗記して、使い方を覚えればよいという考えに至るでしょう。しかし暗記では、数学の中身を理解できませんし、数学の面白さを知って、興味を広げることもできません。新しい発想が生まれることもないでしょう。与えられた式を信じるしかなく、先生の示す式を疑うこともできません。これは健全で楽しい学習方法とは言えません。

私の覚えているエピソードを紹介しましょう。毎週開催している輪読会での出来事でした。学生の発表した数式について私が、なぜそのように計算できるか質問したところ、「偉い先生が決めたからこうなのです」という回答が返ってきました。その学生も冗談混じりで言ったのだとしても、普段から思わないことを突然口に出すものではありません。このような考え方を、長い義務教育の中で植え付けられている場合もあるのです。子どもたちが数学を嫌いになるのも仕方ないでしょう。

●良い先生との出会い

画一性が大事にされる日本では、公式を使った同じ解き方で答えを導くという考え方が入り込みやすいのかもしれません。失敗することが疎まれる慣習の中では、数学でのミスもしてはいけないものと捉えられがちです。でも、公式の丸暗記では、数学に興味を持てませんし、ミスから学ぶことは多くあります。スー氏は、数学の学びは、生徒それぞれのペースや、習熟段階に依存するので、画一的な教え方はそぐわないと言います。また、間違いは賞賛されるべきで、それを自分で認めることが大事な数学の素養になるのだとも言います。そして、成績は、生徒の進展の度合いを測るものであって、その生徒の将来性を測るものではないと強調します。スー氏のような先生に出会ったら、数学の学びが豊かなものになりそうです。

●挫折を通して成長した人たち

本書のもう1つの魅力は、数学に挫折した人々の体験談でしょう。スー氏自身も、夢にまで見たハーバード大学の大学院で、よい指導教員になかなか巡り合うことができず、挑んでいた問題にも穴が見つかり、一度は数学を辞める決断をするまでに追い込まれました。数学の天才を兄に持つシモーヌ・ヴェイユは、劣等感に苛まれた悩み多き思春期を過ごし、14歳のときに自殺しようかと思い詰めます。荒れた生活環境で道を踏み外したクリストファー・ジャクソンは、19歳の若さで、その後の32年間を塀の中で過ごさなくてはならなくなりました。これらの人々に共通するのは、挫折をした後で、数学をより大きな視点で捉えられるようになり、再び人生に希望を見出したということでしょう。スー氏は、自分の能力をひけらかすためにするのが数学ではないことに気づきます。シモーヌは、たとえ成功しなかったとしても、数学で葛藤することで、その人は成長することに気づきます。クリストファーは、牢獄で数学に没頭することで、人生の目的を発見します。出所した後のクリストファーの夢は、数学を通して周りの人々を豊かにし、善行を積み重ねることです。このように、挫折した人々が数学で救われる数珠のエピソードが、本書を魅力的にしています。

●みんなの数学

本書が伝えるメッセージで、私が特に印象的に思ったのは、数学は一部の天才だけのものではなく、誰もが楽しめるものだという点です。音楽がベートーベンやバッハ、ビヨンセだけのものではなく、みんなが楽しめるものだということと同じです。一人ひとりが数学を楽しみ、周囲の人々に伝えてゆく、あるいは次世代に継承してゆくことが、それぞれの人生を豊かにし、結果として人類の繁栄につながるのです。私たち一人ひとりの数学活動が、ブレークスルーを成し遂げるごく一部の数学者の成果を支えているのであり、その成果は私たち全員が誇るべきだということです。このような温かいメッセージに溢れた本書は、数学を嫌いになりかけている中高生、数学に挫折しかけている大学生、数学に苦手意識を持ったまま社会人になった人、生徒に数学の面白さを伝えたい教師、数学が好きになれない子どもを持った親にとって、必ずや福音書になることでしょう。

* * *

翻訳にあたっては、本書の良さを理解し、企画段階から支援してくださった、日本評論社の道中真紀氏に心より感謝いたします。一般読者にとって親しみのある用語や分かりやすい表現について数々の手直しをしていただきました。原著者のスー氏も、文章通りの温かい人柄の方で、私の電子メールやビデオ会議での問い合わせに快く応じてくださいました。最後に、私の翻訳作業を見守ってくれた家族に感謝し、小学生の子どもたちに伝えたいと思います。「間違えて学ぶのが算数だから、大いに間違えていいんだよ。」

2024年2月

徳田　功

パズルのヒントと解答

このヒントや解答を見る前に、まずはパズルで遊んでみるべきです！　何が起こっているか感覚を掴むために、例題に取り組んでみてください。問題を吟味するのに、好きなだけ時間を使ってよいのです。急ぐ必要はありません。葛藤そのものに価値があります。

●ヒント●

ブラウニーを分割する

特別な場合を試してください。取り除かれた長方形がとても小さい場合には、切る方向をどのように定めるべきでしょう？

蛍光灯のトグルスイッチ

いくつか例を試してください。特定のバルブを観察して、それらを切り替えるのはどの倍数か考えましょう。

「割り算」数独

3×3の各ブロック内で、割り算で関係している隣り合わせのセル同士の組みには、⊂の記号が印されているので、1の位置はほぼ特定できます。その後、鎖を探してください。例えば、A⊂B⊂Cがあって、A、B、Cがいずれも1ではないなら、2⊂4⊂8しか可能性はありません。また、1つ以上の隣接セルを割ることができるもの、あるいは、1つ以上の隣接セルで割り切れるものを探してください。5と7は、1から9までのどの数も割ることができないことと、2から9までのどの数でも割り切れないことに注意してください。

赤と黒のカードトリック

2つめの山の黒いカードを、1つめの山の赤いカードで置き換えると、2つめの山の大きさは変わりますか？

水とワイン

赤と黒のカードトリックとの類似性を考えてください？

回転ゲーム

ゲームを探究して、予想を立ててください。次のことに気づくと助けになるでしょう。三角形のセルに、矢印付きの辺がちょうど1つあるとします。最初の矢印と同じ方向を向く矢印を、（部分的なサイクルを形成するように）二番目の辺に描くと、他の競技者は、次の手でサイクルを完成させることによって、勝利します。

幾何図形パズル

２つの長方形が重なる領域の面積に注目してください。この面積について何が言えますか？　この領域を、面積が分かりやすい小片にカットできますか？

丸太の上のアリ

100匹ではなく、２匹のアリがいるとします。衝突する前後のアリの配置について、何が言えますか？

チェス盤の問題

各ドミノ牌は、黒と白の正方格子を１枚ずつ覆います。黒と白の正方格子が１枚ずつ取り除かれたチェス盤を、ドミノ牌で覆うことは常に可能でしょうか？　白の正方格子にあるナイトを１回動かすと、どこに移動しますか？　テトロミノは、どの色の正方格子を覆いますか？　８×８×８の立方体の格子をどう色分けすれば、１×１×３のブロックがそれぞれの色に対して同数の格子を覆うようにできるでしょう？

松本のスライドブロックパズル

カードか紙でスライドブロックパズルを作ってみましょう。どうしたら、大きな正方形のタイルが、水平に置かれた長方形のタイルを通過するようにできますか？

靴ひも時計

問①の答えは７分半以下になります。問②の答えは驚くべきものです。

ヴィックリー・オークション

自分の考える真の価格Ｖを賭ける入札者は、それ以外の価格Ｂを賭けるよりも、悪い結果にはならず、ときにはよい結果になることを示してください。

ペントミノ数独

行か列に２か４が２回含まれているものを探すことから始めてください。このことから、例えば左下のコーナーにあるペントミノについて、何が言えますか？　特定の数字が、隣の行か列にいくつ必要かを数えるといいでしょう。

力の指標

３つのグループの並べ方は、ABC、ACB、BAC、BCA、CAB、CBA です。これらのうちで、グループＣが中心的になるのはどれでしょう？

未知の多項式

あなたが最初に思うよりも、はるかに少ない数の質問で足ります。係数が非負であるという事実は重要です。最も大きな値を取る係数の上限値を決めることはできますか？

球上の５点

球上のどの５点を取っても、そのうちの４点を含む半球が存在することを示すのがゴールということを思い出してください。「最悪」の配置を推察して、その場合でもこの主張が成り立つことを示したくなるかもしれませんが、それは、あらゆる配置に対して主張が成り立つことを示すには十分ではありません。また、任意の2点の組みに対して、その組みが半球内にあることを簡単に保証する方法はありますか？

●解　答●

ブラウニーを分割する

大きな長方形（フライパン）の中心と、小さな長方形（取り除かれた部分）の中心を通る直線に沿って切ると、両側のケーキ片は同じ面積を持ちます。なぜなら、それぞれのケーキ片は、フライパンの半分の大きさから、取り除かれた部分の大きさの半分を引いたものになるからです。

蛍光灯のトグルスイッチ

スイッチの切り替えがすべて終わった後にオンになっているのは、1、4、9、16、25、36、49、64、81、100の番号が付いた電球です。これらは、完全平方に対応する電球です。完全平方の電球がオンになるのは、次のような理由です。N番の電球は、Nの因数（Nを割り切れる数）の番号のスイッチが選ばれるたびに切り替わります。因数の数が奇数となるのは、完全平方だけです。なぜなら、ほとんどの因数は組みで現れるからです。すなわち、JがNの因数なら、N/JもNの因数になります。JとN/Jが同じになるのは$J = N/J$のときだけです。この場合には、$J^2 = N$となるので、Nは完全平方です。

「割り算」数独

下記が答えです。

3	1	7	2	5	8	4	9	6
9	5	6	4	3	1	8	7	2
8	4	2	7	6	9	1	3	5
5	7	8	1	9	3	6	2	4
6	3	4	8	2	7	9	5	1
1	2	9	6	4	5	7	8	3
2	9	1	5	7	6	3	4	8
4	8	3	9	1	2	5	6	7
7	6	5	3	8	4	2	1	9

赤と黒のカードトリック

このトリックが上手くいく理由は、何通りかで説明できます。トランプ一組に含まれるカードの半数をHとします。最初の山と2つめの山に含まれる赤いカードの枚数がそれぞれRとS、最初の山と2つめの山に含まれる黒いカードの枚数がそれぞれAとBなら、$R + S = H$（赤いカードの総数はHより）、$S + B = H$（2つめの山に含まれるカードの総数はHより）であることを私たちは知っています。このとき、RとBは共に$H - S$に等しいため、$R = B$です。

別の説明もできます。R枚の赤いカードを2つめの山に移動し、B枚の黒いカードを2つめの山から除くと、2つめの山に含まれるカードは、すべて赤となり、その総数（H）は変わらないはずです。したがって、R は B に等しくなければなりません。

水とワイン

水の総量を H とします。この手順を行った後、ワインのグラスに含まれる水の量が R、水のグラスに含まれるワインの量が B なら、B を R で入れ替えても H の量は変わりません。したがって、R と B は等しくなければなりません。

回転ゲーム

後手には必勝法があります。先手がある辺に矢印を描くことから始めると、後手は、図の中で先手の辺には触れない唯一の辺に矢印を描きます（矢印の方向は関係ありません）。その後は、（先手が回転セルを完成できるように）後手が、二番目の辺に矢印を描かない限り、後手の勝ちです。この他にも、探索すると面白い問題がたくさんあります。例えば、初期の配置が異なる場合には、誰が必勝法を手にするでしょう？　すべての辺に矢印を描いても、回転セルができないような初期配置はあるでしょうか？

幾何図形パズル

長方形の各組みは、四角形 Q で交わります。3つの長方形が交わる点を P、2つの長方形が交わる別の点を M として、Q を P から M に向かう直線に沿って切ります。これによって、交わりの領域 Q は（対称性より）同じ面積を持つ2つの三角形に分割され、それぞれは長方形の角の部分となります。これらの三角形の面積は、長方形の総面積（4）の8分の1になることが分かります（三角形の各辺の長さは、対応する長方形の辺の長さの半分であるため）。したがって、交わりの領域の面積は1となります。交わっている領域は3つあるため、3つの長方形すべてに覆われている総面積は、4掛ける3から3を引いて、9です。

丸太の上のアリ

アリが互いに跳ね返る状況を追うのは大変に思われるかもしれませんが、問題をとても単純にする鍵となるアイデアがあります。互いに跳ね返る2匹のアリは、互いを通過する2匹のアリと等価だということです。跳ね返っても、通過しても、2匹アリの位置は同じだからです。同じように考えると、すべてのアリが独立に動いていると捉えることができます。このことから、すべてのアリが転落することを保証するのに待たなければならない最長の時間は、1匹のアリが丸太の長さを横断するのに必要な時間であり、1となります。

チェス盤の問題

チェス盤から同じ色の格子2つが取り除かれたとき、残りがドミノ牌で覆えない証明は6章にあります。一方で、2つ異なる色の格子を除くとき、残りはドミノ牌で覆えます。次のような理由です。格子から隣の格子へと動いて、8×8の盤上のすべての格子を訪れて一周する、連続的な経路を見つけます。黒の格子1つと白の格子1つを除くと、この経路は2つに分割されます。分割されたそれぞれの経路には、偶数個の格子が含まれるので、それぞれの経路はドミノ牌で覆うことができます。

7×7のチェス盤の各格子に置かれたナイトの問題は、ナイトが動くとき、出発点の色と反対の色に着地することに注意します。このため、合法的に同時に動かすのが可能なのは、チェス盤に黒と白の格子が同数ある場合のみです。でも、7×7のチェス盤には、等しい数の黒と白の格子はありません。

テトロミノの問題では、7種類のテトロミノが、*O*、*I*、*L*、*J*、*T*、*S*、*N*の文字の形に対応していることを思い出してください。すべてのテトロミノ牌は、同数の黒と白の格子を覆いますが、*T*形は例外ということに注意してください。したがって、4×7のチェス盤を7種類のテトロミノで覆うことは不可能です。

反対に位置する2つのコーナーが除かれた8×8×8の立方体の問題に対しては、座標系を用いて、1×1×1の立方体の位置を特定します。(i, j, k) の位置にある立方体を、$i + j + k$を3で割った余りに応じて、3色のうちの1色で塗ります。1×1×3のブロックは、それぞれの色の1×1×1の立方体を1つずつ覆うので、1×1×3のブロックでタイル張りできるのは、8×8×8の中でそれぞれの色の立方体が同数存在する場合に限られます。でも、8×8×8は3で割り切れないので、同数存在することはありません。

松本のスライドブロックパズル

開始時の配置におけるタイルに番号を付け、若い女性を②、垂直のドミノタイルを①③④⑥（左から右、上から下に番号付けします）、水平のドミノを⑤、小さな正方形を⑦⑧⑨⑩（左から右、上から下に番号付けします）とします。このとき、図に示されている開始配置から、次の順番に動かせば、若い女性を逃すことができます。⑥⑩⑧⑤⑥⑩（途中まで）⑧⑥⑤⑦（上、左）⑨⑥⑩（左、下）、⑤⑨⑦④⑥⑩⑧⑤⑦（下、右）⑥④①②③⑨⑦⑥③②①④⑧⑩（右、上）⑤③⑥⑧②⑨⑦（上、左）⑧⑥③⑩（右、下）②⑨（下、右）①④②⑨⑦（途中まで）⑧⑥③⑩⑨（下）②④①⑧⑦⑥③②⑦⑧①④⑦（左、上）⑤⑨⑩②⑧⑦⑤⑩（上、左）②。

靴ひも時計

問① 3.75分を測る方法があります。靴ひもの両端の点を*A*、*B*とします。ひもは対称なので、真ん中の点で切ると、2本の等価なひもができます。それぞれのひもは、必ずしも対称ではなく、燃焼時間は30分です。*A*と*B*が隣り合わせになるように、2本のひもを隣に並べます。1本のひもの両端を燃やします。15分後に、炎が出会い燃焼した場所で、もう1本のひもを切ります。これで2本のひもができますが、両方とも燃焼時間が15分ということ以外は、関係ありません。1本のひもの両端と、もう1本のひもの一端に、同時に着火します。最初のひもの上で炎が出会うとき、もう1本のひもの炎を消します。残るのは、7.5分で燃えるひもです。このひもの両端を燃やすと、炎が出会ったときが3.75分となります。

問② 任意の短い時間を測ることができます！　例えば、60分を2のべき乗で割った、任意の時間間隔を測ることができます。次のような要領です。等価で対称な2本の靴ひもを、それぞれ中点で切ると、4つの等価で非対称なひもが作れます。1本を無視すると3本のひもになります。

同じ燃焼時間 T を持つ3本のひも（うち、2本は等価）を使って、燃焼時間 $T/2$ を持つ3本のひも（うち、2本は等価）を作る手順を説明します。3本を、ひも1、ひも2、ひも3と呼び、それぞれの燃焼時間を T とします。ひも1とひも2が等価で、隣り合わせに並べられています。このとき、ひも3の両端と、ひも2の一端に、同時に着火します。ひも3上で炎が出会い、燃え尽きるとき、ひも2の炎を消し、対応する点で、ひも1を切ります。これで、燃焼時間が $T/2$ のひもが3本できました。このうちの2本は等価です。

このような手順を何度も繰り返すと、燃焼時間が $T/2^k$ のひもを作り出すことができます。

ヴィックリー・オークション

入札者にとってベストの戦略は、彼女が価値があると思う車の価格 V を賭けることである理由を考えます。彼女以外の入札額の（未知の）最大値を M とします。M が何であっても、それ以外の任意の価格 B を賭けることが、V を賭けるよりも、よくなることはないことを示します。V と B が両方とも M より小さい場合、入札者はいずれの場合も車を失います。V と B が両方とも M より大きい場合、入札者はいずれの場合も車を勝ち取り、価格 M を払います。したがって、B を賭ける場合と V を賭ける場合で結果に違いが出るのは、M が B と V の間の値をとるときです。

もし $B > M > V$ なら、B を賭けるのは入札者にとって悪い選択です。なぜなら、彼女はオークションに勝ちますが、価格 M を払うことになるからです。これは、彼女が車にあると思う以上の価格です。したがって、この取引で、彼女はお金を失うことになります。一方で、彼女が V を賭けていたら、オークションには負けますが、彼女の総資産に変わりはないでしょう。

もし $B < M < V$ ならば、B を賭けるのは入札者にとって悪い選択で

す。なぜなら、彼女はオークションに負け、彼女の資産の変化は0だからです。一方で、もし彼女が真の価格Vを賭けていたら、オークションに勝ち、自分の思った価値よりも少ない価格Mを払うことになり、彼女の資産は増えます。

ペントミノ数独

下記が答えです。

5	3	4	1	2	5	1	2	4	3
1	4	5	3	4	2	5	3	2	1
1	2	3	2	3	5	1	5	4	4
3	5	4	5	2	1	4	3	1	2
4	2	1	3	1	3	2	5	5	4
2	5	2	4	5	1	4	1	3	3
3	1	5	2	3	4	5	4	1	2
4	1	3	5	1	3	2	4	2	5
5	4	1	4	5	2	3	2	3	1
2	3	2	1	4	4	3	1	5	5

力の指標

3グループの順序は、ABC、ACB、BAC、BCA、CAB、CBAの6通りです。グループAの人数が48、グループBの人数が49、グループCの人数が3なら、それぞれの順序で、真ん中のグループが中心的になります。したがって、シャープレイ＝シュービック投票力指数によると、各グループの力は1/3となります。

未知の多項式

多項式を決めるのに必要な質問は2つだけです。まず、1における多項式の値を尋ねます。この答えは、係数の総和を与えます。係数がすべて非負ならば、この値は、どの係数の値よりも大きくなければなりません。この答えの桁数がkならば、10^{k+1}における多項式の値を尋ねます。この答えの桁を見ると、$k+1$のブロックサイズ内で、各項の係数が表示されていることが分かります。例えば、1における多項式の値が1044なら、最大の係数の値が4桁を超えることはありません。次に、10^5における多項式の値を尋ねます。答えが12003450067800009なら、右から数えて、大きさ5の各ブロックが、多項式の係数を示します。したがって多項式は、$12x^3+345x^2+678x+9$でなければなりません。

球上の5点

自分で定めた球上の5点から、任意の2点の組みを選びます。これらの点を通るように、球を2つの半球に分割する大円を決めます（半球上の大円とは、球の中心を中心とする円のことです）。したがって、この2点は、両方の半球の境界上にあります。残りの3点のうち、少なくとも2点は、これらの半球の一方に含まれていなければなりません。したがってこの半球には、これらの2点に加えて最初の2点が含まれることになります。すべて合わせると4点です。

原　注

●第1章

題辞：Simone Weil, *Gravity and Grace,* trans. A. Wills (New York: G. P. Putnam's Sons, 1952), 188.〔シモーヌ・ヴェイユ著、冨原眞弓訳（2017）『重力と恩寵』岩波書店、p.232〕〈訳注：本書 p.1の訳は邦訳版からの引用ではなく、訳者によるもの〉

1. シモーヌがペラン神父に宛てた手紙からの引用で、彼女のエッセー集［*Waiting for God,* trans. Emma Craufurd (London: Routledge & K. Paul, 1951), 64］〔シモーヌ・ヴェーユ著、渡辺秀訳（2020）『神を待ちのぞむ 新装版』春秋社、pp.38-39〕に収録されています。〈訳注：本書 p.1の訳は邦訳版からの引用ではなく、訳者によるもの〉

2. 数学と彼女の精神性のつながりに関する優れたまとめは、記事［Scott Taylor, "Mathematics and the Love of God: An Introduction to the Thought of Simone Weil," available at https://personal.colby.edu/~sataylor/SimoneWeil.pdf］にあります。

3. Maurice Mashaal, *Bourbaki: A Secret Society of Mathematicians* (Providence: American Mathematical Society, 2006), 109-113.〔モーリス・マシャル著、高橋礼司訳（2002）『ブルバキ――数学者達の秘密結社』シュプリンガー・フェアラーク東京（2012年に丸善出版より再出版）〕

4. シモーヌとアンドレの関係は、アンドレの娘シルビの回想録［*At Home with André and Simone Weil,* trans. Benjamin Ivry (Evanston, IL: Northwestern University Press, 2010)］で探究されています。

5. 2018年の時価総額上位4社は、アップル、Alphabet（Google の親会社）、マイクロソフト、アマゾンの技術系企業でした。さらに上位10社には、Tencent、Alibaba、フェイスブック〈訳注：現メタ〉の3社が含まれます。

6. Michael Barany, "Mathematicians Are Overselling the Idea That 'Math Is Everywhere,'" *Guest Blog, Scientific American,* 2016年8月16日、https://blogs.scientificamerican.com/guest-blog/mathematicians-are-overselling-the-idea-that-math-is-everywhere/.

7. 例えば、［Andrew Hacker, "Is Algebra Necessary?," editorial, *New York Times,* 2012年7月28日、https://www.nytimes.com/2012/07/29/opinion/sunday/is-algebra-necessary.html］や［E. O. Wilson, "Great Scientist ≠ Good at Math," editorial, *Wall Street Journal,* 2013年4月5日、https://www.wsj.

com/articles/SB10001424127887323611604578398943650327184］を参照。どちらの記事も、本物の数学に対する誤った理解に依拠しています。

8．より最近の報告書としては、［*A Common Vision for Undergraduate Mathematical Sciences Programs in 2025*（2015), by the Mathematical Association of America, https://www.maa.org/sites/default/files/pdf/CommonVisionFinal.pdf］と［*Catalyzing Change in High School Mathematics: Initiating Critical Conversations*（2018), by the National Council of Teachers of Mathematics, https://www.nctm.org/Standards-and-Positions/Catalyzing-Change/Catalyzing-Change-in-High-School-Mathematics/］があります。

9．Christopher J. Phillips, *The New Math: A Political History*（Chicago: University of Chicago Press, 2015).

10．Robert P. Moses and Charles E. Cobb Jr., *Radical Equations: Civil Rights from Mississippi to the Algebra Project*（Boston: Beacon, 2002), ch.1.

11．Cathy O'Neil, *Weapons of Math Destruction: How Big Data Increases Inequality and Threatens Democracy*（New York: Crown, 2016).〔キャシー・オニール著、久保尚子訳（2018）『あなたを支配し、社会を破壊する、AI・ビッグデータの罠』インターシフト〕

12．Erin A. Maloney, Gerardo Ramirez, Elizabeth A. Gunderson, Susan C. Levine, and Sian L. Beilock, "Intergenerational Effects of Parents' Math Anxiety on Children's Math Achievement and Anxiety," *Psychological Science* 26, no.9（2015): 1480-1488.

13．"Definitions," trans. D. S. Hutchinson, in Plato, *Complete Works*, ed. John M. Cooper（Indianapolis: Hackett, 1997), 1680.

14．特筆すべき例として、数学教育の社会文化的な側面を強調し、民族数学を始めたウビラタン・ダンブロシオ［Ubiratan D'Ambrosio, "Socio-cultural Bases for Mathematical Education," in *Proceedings of the Fifth International Congress on Mathematical Education*, ed. Marjorie Carss（Boston: Birkhäuser, 1986), 1-6］、数学の人間主義哲学について詳しく述べたルーベン・ハーシュ［Reuben Hersh, *What Is Mathematics, Really?*（Oxford: Oxford University Press, 1997)］、有色人種に対する数学教育から人間性を奪った構造や、政策、実践について取り上げたロシェル・グティエレス［Rochelle Gutierrez, "The Need to Rehumanize Mathematics," in *Rehumanizing Mathematics for Black, Indigenous, and Latinx Students: Annual Perspectives in Mathematics Education*, ed. Imani Goffney and Gutiérrez（Reston, VA: National Council of Teachers of Mathematics, 2018), 1-10］が挙げられます。

15．Joshua Wilkerson, "Cultivating Mathematical Affections: Developing a

Productive Disposition through Engagement in Service-Learning" (PhD thesis, Texas State University, 2017), 1, https://digital.library.txst.edu/items/fbf6c6ee-4fe0-49f0-85de-fd01d45fcd41.

●第2章

題辞1: Maryam Mirzakhani, quoted in Bjorn Carey, "Stanford's Maryam Mirzakhani Wins Fields Medal," *Stanford News*, 2014年8月12日、https://news.stanford.edu/news/2014/august/fields-medal-mirzakhani-081214.html.

題辞2: Eugenia Cheng, *How to Bake Pi* (New York: Basic Books, 2015), 2.

1. John Joseph Fahie, *Galileo: His Life and Work* (New York: James Pott, 1903), 114.

2. Blaine Friedlander, "To Keep Saturn's A Ring Contained, Its Moons Stand United," *Cornell Chronicle*, 2017年10月16日、http://news.cornell.edu/stories/2017/10/keep-saturns-ring-contained-its-moons-stand-united; "Giant Planets in the Solar System and Beyond: Resonances and Rings" (Cornell Astronomy Summer REU Program, 2012), http://hosting.astro.cornell.edu/specialprograms/reu2012/workshops/rings/.

3. より発展した例が、[Paul Lockhart's "A Mathematician's Lament" (2002)]〔ポール・ロックハート著、吉田新一郎訳『算数・数学はアートだ！——ワクワクする問題を子どもたちに』新評論、2016年〕にあり、キース・デブリンのブログ記事 *Devlin's Angle* [Keith Devlin, "Lockhart's Lament," 2008年3月、https://web.archive.org/web/20221119055521/https://www.maa.org/external_archive/devlin/devlin_03_08.html] にも取り上げられています。

4. アフリカ由来のアチやその他のゲームは、MIND 研究所のゲーム「South of the Sahara」の中に、具体的な形で紹介されています [https://www.mindresearch.org/mathminds-games]。

5. これらの曖昧性を解決する決定的な情報源を私は見たことがありません。

6. Claudia Zaslavsky, *Math Games & Activities from Around the World* (Chicago: Chicago Review Press, 1998).

7. Fawn Nguyen, "These Twenty Things," *Finding Ways* (ブログ), 2016年12月19日, https://www.fawnnguyen.com/read/m7rz6t6xqj81vbwsew9vcai8f0d2qh?rq=these%20twenty%20things/.

8. Kevin Hartnett, "Mathematicians Seal Back Door to Breaking RSA Encryption," *Abstractions Blog, Quanta Magazine*, 2018年12月7日, https://

www.quantamagazine.org/mathematicians-seal-back-door-to-breaking-rsa-encryption-20181217/; Rama Mishra and Shantha Bhushan, "Knot Theory in Understanding Proteins," *Journal of Mathematical Biology* 65, nos. 6-7 (December 2012): 1187-1213, https://link.springer.com/article/10.1007/s00285-011-0488-3; Chris Budd and Cathryn Mitchell, "Saving Lives: The Mathematics of Tomography," *Plus Magazine,* 2008年6月1日, https://plus.maths.org/content/saving-lives-mathematics-tomography.

9. ウェブサイト *The Art of Problem Solving*（AoPS）はよい情報源です。https://artofproblemsolving.com/

10. Ben Orlin, *Math with Bad Drawings* (New York: Black Dog & Leventhal, 2018), 10-12.

11. ポリネシア航法は、ディズニー映画『モアナと伝説の海（原題：Moana)』（2016年）で取り上げられていたことを覚えているかもしれません。

12. Richard Schiffman, "Fantastic Voyage: Polynesian Seafaring Canoe Completes Its Globe-Circling Journey," *Scientific American,* 2017年6月13日, https://www.scientificamerican.com/article/fantastic-voyage-polynesian-seafaring-canoe-completes-its-globe-circling-journey/.

13. シェリル・アーンストとのインタビューから引用された本文を、リンダは更新しています［"Ethnomathematics Makes Difficult Subject Relevant," *Mālamalama,* 2010年7月15日, http://www.hawaii.edu/malamalama/2010/07/ethnomathematics/］。

●第3章

題辞1：*Sónya Kovalévsky: Her Recollections of Childhood,* trans. Isabel F. Hapgood (New York: Century, 1895), 316.

題辞2：Jorge Luis Borges, *This Craft of Verse* (Cambridge, MA: Harvard University Press, 2002), 22.〔ホルヘ・ルイス・ボルヘス著、鼓直訳（2002）『ボルヘス、文学を語る――詩的なるものをめぐって』岩波書店、p.32〕

1. 同様の状況を観察できる面白いビデオとして、2011年5月に、ダブリンのアメリカ大使館のゲートを出る際に、オバマ大統領の車が嵌まった件に関するニュースを検索してみてください。

2. Henri Poincaré, *Science and Hypothesis,* trans. William John Greenstreet (New York: Walter Scott, 1905), 141.〔アンリ・ポアンカレ著、南條郁子訳（2022）『科学と仮説』筑摩書房、p.179〕

3. Jo Boaler, "Memorizers Are the Lowest Achievers and Other Common Core Math Surprises," editorial, *Hechinger Report,* May 7, 2015, https://hechingerreport.org/memorizers-are-the-lowest-achievers-and-other-common-

core-math-surprises/.

4. Robert P. Moses and Charles E. Cobb Jr., *Radical Equations: Civil Rights from Mississippi to the Algebra Project* (Boston: Beacon, 2002), 119-122.

5. Cassius Jackson Keyser, *Mathematics as a Culture Clue, and Other Essays* (New York: Scripta Mathematica, Yeshiva University, 1947), 218.

6. William Byers, *How Mathematicians Think: Using Ambiguity, Contradiction, and Paradox to Create Mathematics* (Princeton: Princeton University Press, 2007).

7. この定義は数学者のキース・デブリンによって世に広められましたが [Keith Devlin, *Mathematics: The Science of Patterns* (New York: Scientific American Library, 1997)]、リン・スティーンに由来するようです [Lynn Steen, "The Science of Patterns," *Science,* 240, no.4852 (April 29, 1988): 611-16]。

●第4章

題辞1：Martin Buber, *Pointing the Way: Collected Essays,* ed. and trans. Maurice S. Friedman (New York: Harper & Row, 1963), 21.

題辞2：ソフィ・ジェルマンを称賛する中で、リブリ・カルドゥッチ伯爵が彼女の言葉として引用したもの [Ioan James, *Remarkable Mathematicians: From Euler to Von Neumann* (New York: Cambridge University Press, 2002), 58]〔I・ジェイムズ著、蟹江幸博訳 (2005)『シュプリンガー数学クラブ 第18巻 数学者列伝——オイラーからフォン・ノイマンまで I』シュプリンガー・フェアクラーク東京、p.81〕。

1. Johan Huizinga, *Homo Ludens: A Study in the Play-Element of Culture,* translated from the German [translator unknown] (London: Routledge & Kegan Paul, 1949).〔ホイジンガ著、高橋英夫訳 (2019)『ホモ・ルーデンス 改版』中央公論新社〕

2. G. K. Chesterton, *All Things Considered* (London: Methuen, 1908), 96.

3. Huizinga, *Homo Ludens,* 8.

4. Paul Lockhart, "A Mathematician's Lament" (2002), 4.〔前掲書『算数・数学はアートだ！——ワクワクする問題を子どもたちに』p.24〕キース・デブリンのブログ記事 *Devlin's Angle* [Keith Devlin, "Lockhart's Lament," March 2008, https://web.archive.org/web/20221119055521/https://www.maa.org/external_archive/devlin/devlin_03_08.html] でも閲覧可能。

5. 数学モデルのサイクルに関する説明としては、例えば、[*GAIMME: Guidelines for Assessment and Instruction in Mathematical Modeling*

Education, 2nd ed., ed. Sol Garfunkel and Michelle Montgomery, Consortium for Mathematics and Its Applications and the Society for Industrial and Applied Mathematics（Philadelphia, 2019）, https://www.siam.org/Publications/Reports/Detail/guidelines-for-assessment-and-instruction-in-mathematical-modeling-education〕を参照。

6. Blaise Pascal, *Pensées*, trans. W. F. Trotter（New York: E. P. Dutton, 1958）, 4, no.10.〔パスカル著、前田陽一、由木康訳（2018）『パンセ（改版）』中央公論新社、pp.14-15〕

7. この質問に答えるには、掛け合わせる両方の数字の最後の２桁のみが、積の最後の２桁に影響することを理解するのが有用です（積算がどのように行われるかを考えてください）。したがって、頑強かどうかを見るには、最後の２桁の二乗を確認すれば十分です。21が頑強かを確かめるには、21を二乗して、最後の桁が21になるかどうかを見ます。この場合はそうではありません。このとき、100通りある２桁の終わりをすべて試す必要はないことが分かると見通しがよくなります。なぜなら、頑強な２桁の終わりは、頑強な１桁の終わりを持たなければならないからです。そのような終わりは0, 1, 5, 6の四つしかありません。従って、0, 1, 5, 6で終わる２桁の終わりだけを確認すればよいのです。

8. 10^5通りのすべての15桁の終わりのうち、頑強なのは４つしか存在しないのは驚きでしょう！　以下がその４つです。

...000000000000000,

...000000000000001,

...259918212890625,

...740081787109376.

これらに関して何か気付きますか？　何が不思議ですか？　パターンがありますか？

9. これらの数は、数学の文献では、自己同形数として知られています。基底が素数のとき、これらは、p進数とも関係しています。

10. Simone Weil, Waiting for God, trans. Emma Craufurd（London: Routledge & K. Paul, 1951）, 106.〔シモーヌ・ヴェーユ著、渡辺秀訳（2020）「神への愛のために学校の勉強を活用することについての省察」『神を待ちのぞむ　新装版』春秋社、p.95〕〈訳注：本書p.69の訳は邦訳版からの引用ではなく、訳者によるもの〉

11. G. H. Hardy, *A Mathematician's Apology*（Cambridge: Cambridge University Press, 1940）.〔G・H・ハーディ著、柳生孝昭訳（2012）『ある数学者の生涯と弁明』丸善出版〕

12. 首相の発言に関するサラ・ポルスの記事を参照〔"Full Transcript:

Prime Minister Lee Hsien Loong's Toast at the Singapore State Dinner," Washington Post, August 2, 2016, https://www.washingtonpost.com/news/reliable-source/wp/2016/08/02/full-transcript-prime-minister-lee-hsien-loongs-toast-at-the-singapore-state-dinner/]。

13. "Republic," trans. Paul Shorey, in *The Collected Dialogues of Plato,* ed. Edith Hamilton and Huntington Cairns (Princeton: Princeton University Press, 1961), 768 (7. 536e).

●第5章

題辞1: "Autobiography of Olga Taussky-Todd," ed. Mary Terrall(Pasadena, California, 1980), Oral History Project, California Institute of Technology Archives, 6; available at http://resolver.caltech.edu/CaltechOH: OH_Todd_O.

題辞2: Quoted in Donald J. Albers, "David Blackwell," in *Mathematical People: Profiles and Interviews,* ed. Albers and Gerald L. Alexanderson (Wellesley, MA: A. K. Peters, 2008), 21.

1. "Interview with Research Fellow Maryam Mirzakhani," *Clay Mathematics Institute Annual Report 2008,* https://www.claymath.org/library/annual_report/ar2008/08Interview.pdf.

2. Semir Zeki, John Paul Romaya, Dionigi M. T. Benincasa, and Michael F. Atiyah, "The Experience of Mathematical Beauty and Its Neural Correlates," *Frontiers in Human Neuroscience* 8 (2014): 68.

3. G. H. Hardy, *A Mathematician's Apology* (Cambridge: Cambridge University Press, 1940)〔前掲書『ある数学者の生涯と弁明』〕; Harold Osborne, "Mathematical Beauty and Physical Science," *British Journal of Aesthetics* 24, no.4 (Autumn 1984): 291-300; William Byers, *How Mathematicians Think: Using Ambiguity, Contradiction, and Paradox to Create Mathematics* (Princeton: Princeton University Press, 2007).

4. Paul Hoffman, *The Man Who Loved Only Numbers: The Story of Paul Erdős and the Search for Mathematical Truth* (London: Fourth Estate, 1998), 44 (ポール・ホフマン著、平石律子訳 (2011)『放浪の天才数学者エルデシュ』草思社、p.69)。

5. Martin Gardner, "The Remarkable Lore of the Prime Numbers," Mathematical Games, *Scientific American* 210 (March 1964): 120-128.

6. エルデシュは、「神を信じなくてもいいが、ザ・ブックは信じたほうがいい」と言ったと伝えられています (Hoffman, *Man Who Loved Only Numbers,* 26)〔前掲書『放浪の天才数学者エルデシュ』p.42〕。エルデシュに敬意を表して、マーティン・エーグナーとグンター・ジーグラーが、様々の定理に対するエレガントな証明を集めた書には、『ザ・ブックからの証明』［Martin Aigner and Günter Ziegler, *Proofs from THE BOOK*（New York: Springer, 2010）］という遊び心のある題目が付けられています。

7. Sydney Opera House Trust, “The Spherical Solution,” https://www.sydneyoperahouse.com/our-story/the-spherical-solution.

8. Jordan Ellenberg, *How Not to Be Wrong: The Power of Mathematical Thinking*（New York: Penguin, 2014）, 436–437.〔ジョーダン・エレンバーグ著、松浦俊輔訳（2015）『データを正しく見るための思考法——数学の言葉で世界を見る』日経 BP 社、p.654〕

9. Albert Einstein, *Ideas and Opinions*（New York: Crown, 1954）, 233.

10. Erica Klarreich, “Mathematicians Chase Moonshine's Shadow,” *Quanta Magazine,* March 12, 2015, https://www.quantamagazine.org/mathematicians-chase-moonshine-string-theory-connections-20150312/.

11. Simon Singh, “Interview with Richard Borcherds,” *The Guardian,* August 28, 1998, https://simonsingh.net/media/articles/maths-and-science/interview-with-richard-borcherds/.

12. C. S. Lewis, *The Weight of Glory*（New York: Macmillan, 1949）, 7.〔C・S・ルイス著、西村徹訳（2004）『栄光の重み（新装版）』新教出版社、p.11〕

13. Barbara Oakley, “Make Your Daughter Practice Math. She'll Thank You Later,” editorial, *New York Times,* August 7, 2018, https://www.nytimes.com/2018/08/07/opinion/stem-girls-math-practice.html.

●第6章

題辞1: Bernhard Riemann, “On the Psychology of Metaphysics: Being the Philosophical Fragments of Bernhard Riemann,” trans. C. J. Keyser, *The Monist* 10, no.2（1900）: 198.

題辞2: Network of Minorities in Mathematical Sciences, “Tai-Danae Bradley: Graduate Student, CUNY Graduate Center,” *Mathematically Gifted and Black,* http://mathematicallygiftedandblack.com/rising-stars/tai-danae-bradley/.

1. “Law” という語は、数学のアイデアを参照する際に使われることもあります。経験的に観測されたパターンが、定理によって立証された場合（例えば、大数の法則）や、知識の基盤として仮定された公理（例えば、交換法則、排中律）を表す際に用いられます。

2. David Eugene Smith, “Religio Mathematici,” *American Mathematical Monthly,* 28, no. 10（1921）: 341.

3. Morris Kline, *Mathematics for the Nonmathematician* (New York: Dover, 1985), 9.

4. デルフィン・ヒラスナ監修の「我慢の美術」については、[Susan Stamberg, “The Creative Art of Coping in Japanese Internment,” NPR, May 12, 2010, https://www.npr.org/2010/05/12/126557553/the-creative-art-of-coping-in-japanese-internment]を参照。

5. 少し違う開始配置から始まる81ステップの解は、[Martin Gardner, “The Hypnotic Fascination of Sliding Block Puzzles,” Mathematical Games, *Scientific American* 210 (February 1964): 122-130]に紹介されています。松本氏の初期配置から開始した答えは、本書の「パズル問題のヒントと答え」に収録されています。

6. George Orwell, *1984* (Boston: Houghton Mifflin Harcourt, 1949), 76.〔ジョージ・オーウェル著、田内志文訳(2021)『1984』角川文庫、p.125〕

●第7章

題辞1: John 18: 38 (Good News Translation).

題辞2: Blaise Pascal, *Pensées*, trans. W. F. Trotter (New York: E. P. Dutton, 1958), 259, no. 864.〔前掲書『パンセ』p.663〕

1. Hannah Arendt, “Truth and Politics,” *New Yorker*, February 25, 1967, reprinted in Arendt, *Between Past and Future* (New York: Penguin, 1968), 257.

2. Michael P. Lynch, *True to Life: Why Truth Matters* (Cambridge, MA: MIT Press, 2004).

3. 誤差がさらなる探索へと導くこともあります。正しい計算は777 × 1,144=888,888です。これは面白い! でもミスタイプされた計算の777 × 144=111,888も注目に値するパターンを持っています。何が起こっているのでしょう?

4. Gian-Carlo Rota, “The Concept of Mathematical Truth,” *Review of Metaphysics* 44, no.3 (March 1991): 486.

5. Eugene Wigner, “The Unreasonable Effectiveness of Mathematics in the Natural Sciences,” *Communications on Pure and Applied Mathematics* 13 (1960): 14.

6. Kenneth Burke, “Literature as Equipment for Living,” collected in *The Philosophy of Literary Form: Studies in Symbolic Action* (Baton Rouge: Louisiana State University Press, 1941), 293-304.

7. David Brewster, *The Life of Sir Isaac Newton* (New York: J. & J. Harper, 1832), 300-301.

●第8章

題辞1：Simone Weil, *Waiting for God*, trans. Emma Craufurd (London: Routledge & K. Paul, 1951), 107.〔前掲書『神を待ちのぞむ』p.96〕〈訳注：本書 p.127の訳は邦訳版からの引用ではなく、訳者によるもの〉

題辞2：Martha Graham, “An Athlete of God,” in *This I Believe: The Personal Philosophies of Remarkable Men and Women*, ed. Jay Allison and Dan Gediman, with John Gregory and Viki Merrick (New York: Holt, 2006), 84.

1. Alasdair MacIntyre, *After Virtue: A Study in Moral Theory*, 3rd ed. (South Bend, IN: University of Notre Dame Press, 2007), 188.〔アラスデア・マッキンタイア著、篠﨑榮訳（2021）『美徳なき時代　新装版』みすず書房、p.231〕

2. 同上。

3. Eric M. Anderman, “Students Cheat for Good Grades. Why Not Make the Classroom about Learning and Not Testing?,” *The Conversation*, May 20, 2015, https://theconversation.com/students-cheat-for-good-grades-why-not-make-the-classroom-about-learning-and-not-testing-39556.

4. Carol Dweck, “The Secret to Raising Smart Kids,” *Scientific American*, January 1, 2015, https://www.scientificamerican.com/article/the-secret-to-raising-smart-kids1/.

5. 思考態度が数学の学習にどのような影響を与えるか、そして、思考態度を変えるための実用的な示唆については、教師に向けた優れた資料があります［Jo Boaler, *Mathematical Mindsets* (San Francisco: Jossey-Bass, 2016)］。

6. “Interview with Research Fellow Maryam Mirzakhani,” *Clay Math Institute Annual Report 2008*, https://www.claymath.org/library/annual_report/ar2008/08Interview.pdf.

7. David Richeson, “A Conversation with Timothy Gowers,” *Math Horizons* 23, no.1 (September 2015): 10–11.

8. Laurent Schwartz, *A Mathematician Grappling with His Century* (Basel: Birkhauser, 2001), 30.

●第9章

題辞1：Quoted in Stephen Winsten, *Days with Bernard Shaw* (New York: Vanguard, 1949), 291.

題辞2：Augustus de Morgan, quoted in Robert Perceval Graves, *The Life of Sir William Rowan Hamilton*, vol. 3 (Dublin: Dublin University Press, 1889), 219.

1. Isidor Wallimann, Howard Rosenbaum, Nicholas Tatsis, and George

Zito, "Misreading Weber: The Concept of 'Macht,'" *Sociology* 14, no.2（May 1980）: 261–275.

2. Andy Crouch, *Playing God: Redeeming the Gift of Power*（Downers Grove, IL: InterVarsity Press, 2014）, 17.

3. この点について指摘してくれた、友人のルー・ルドウィグに感謝します。

4. Dave Bayer and Persi Diaconis, "Trailing the Dovetail Shuffle to Its Lair," *Annals of Applied Probability* 2, no.2（May 1992）: 294–313.

5. Karen D. Rappaport, "S. Kovalevsky: A Mathematical Lesson," *American Mathematical Monthly* 88, no.8（October 1981）: 564–574.

6. Erica N. Walker, *Beyond Banneker: Black Mathematicians and the Paths to Excellence*（Albany: SUNY Press, 2014）.

7. Cathy O'Neil, *Weapons of Math Destruction: How Big Data Increases Inequality and Threatens Democracy*（New York: Crown, 2016）.〔前掲書『あなたを支配し、社会を破壊する、AI・ビッグデータの罠』〕

8. Parker J. Palmer, *The Courage to Teach: Exploring the Inner Landscape of a Teacher's Life,* 10th anniversary ed.（San Francisco: Jossey-Bass, 2007）, 7.〔P・J・パーマー著、吉永契一郎訳（2000）『大学教師の自己改善――教える勇気』玉川大学出版部、p.24〕

●第10章

題辞：Simone Weil, *Gravity and Grace,* trans. A. Wills（New York: G. P. Putnam's Sons, 1952）, 188.〔前掲書『重力と恩寵』p.232〕〈訳注：本書 p.163の訳は邦訳版からの引用ではなく、訳者によるもの〉

1. E.g., Timothy Keller, *Generous Justice: How God's Grace Makes Us Just*（New York: Penguin, 2012）.

2. テストは［https://implicit.harvard.edu/implicit/］で受けられます。

3. Victor Lavy and Edith Sands, "On the Origins of Gender Gaps in Human Capital: Short- and Long-Term Consequences of Teachers' Biases," *Journal of Public Economics* 167（2018）: 263–279.

4. Michela Carlana, "Implicit Stereotypes: Evidence from Teachers' Gender Bias," *Quarterly Journal of Economics* 134, no.3（2019）: 1163–1224: https://academic.oup.com/qje/article/134/3/1163/5368349

5. 2004年にアメリカの大学に入学した学生の約3分の1が、STEM分野を専攻する意思を持っていました。彼らのうち6年間で修了した割合は、白人とアジアの学生で45%、それ以外で25%でした。[Kevin Eagan, Sylvia Hurtado, Tanya Figueroa, and Bryce Hughes, "Examining STEM Pathways among Students Who Begin College at Four-Year Institutions," paper

commissioned for the Committee on Barriers and Opportunities in Completing 2-Year and 4-Year STEM Degrees (Washington DC: National Academies Press, 2014), https://sites.nationalacademies.org/cs/groups/dbassesite/documents/webpage/dbasse_088834.pdf] には面白いデータがたくさんあります。

6. Jennifer Engle and Vincent Tinto, *Moving beyond Access: College Success for Low-Income, First-Generation Students* (Washington DC: Pell Institute, 2008), https://files.eric.ed.gov/fulltext/ED504448.pdf.

7. 例えば、2015年に数学の博士号を取得したアメリカ市民の中で、84%は白人で、72%は男性でした [William Yslas Vélez, Thomas H. Barr, and Colleen A. Rose, "Report on the 2014-2015 New Doctoral Recipients," *Notices of the AMS* 63, no. 7 (August 2016): 754-765]。

8. "Finally, an Asian Guy Who's Good at Math (Part Two)," *Angry Asian Man* (blog), January 4, 2016, http://blog.angryasianman.com/2016/01/finally-asian-guy-whos-good-at-math.html.

9. Rochelle Gutiérrez, "Enabling the Practice of Mathematics Teachers in Context: Toward a New Equity Research Agenda," *Mathematical Thinking and Learning* 4, nos.2-3 (2002): 147.

10. National Council of Teachers of Mathematics, *Catalyzing Change in High School Mathematics: Initiating Critical Conversations* (Reston, VA: The National Council of Teachers of Mathematics, 2018); Jo Boaler, "Changing Students' Lives through the De-tracking of Urban Mathematics Classrooms," *Journal of Urban Mathematics Education* 4, no.1 (July 2011): 7-14.

11. William F. Tate, "Race, Retrenchment, and the Reform of School Mathematics," *Phi Delta Kappan* 75, no.6 (February 1994): 477-484.

●第11章

題辞1: Helen Keller, *The Story of My Life* (New York: Grosset & Dunlap, 1905), 39.

題辞2: Eleanor Roosevelt, *You Learn by Living* (New York: Harper & Row, 1960), 152.

1. 計算の近道については、[Arthur Benjamin and Michael Shermer, *Secrets of Mental Math* (New York: Three Rivers, 2006)] を参照。

2. 11の掛け算の近道では、数字の和が10以上になった場合に「繰上げ」が必要になります。例えば、75×11を計算するのに、7と5を足して12が得られますが、得られた2を7と5の間に入れ、1を繰り上げて7に加えて、8となります。従って答えは825です。ある程度の代数を知っていれば、なぜこの近道がうまくいくのかを示せます。$10a+b$は、2桁目がaで1桁目がbの数を表します。このとき、$(10a+b)\times 11=110a+11b=100a+10(a+b)+b$となります。最後の表現は確かに、2つの桁を足し合わせ、その和を間に挿入することを示唆しています。

3. Georg Cantor, "Foundations of a General Theory of Manifolds: A Mathematico-Philosophical Investigation into the Theory of the Infinite," trans. William Ewald, in *From Kant to Hilbert: A Source Book in the Foundations of Mathematics,* ed. Ewald（New York: Oxford University Press, 1996), vol.2, 896（§8). Italics in the original.

4. Evelyn Lamb, "A Few of My Favorite Spaces: The Infinite Earring," *Roots of Unity*（blog), *Scientific American,* July 31, 2015, https://blogs.scientificamerican.com/roots-of-unity/a-few-of-my-favorite-spaces-the-infinite-earring/.

5. J. W. Alexander, "An Example of a Simply Connected Surface Bounding a Region Which Is Not Simply Connected," *Proceedings of the National Academy of Sciences of the United States of America* 10, no.1（January 1924）: 8-10.

6. この報告書［Robert Rosenthal and Lenore Jacobson, "Teachers' Expectancies: Determinants of Pupils' IQ Gains," *Psychological Reports* 19 (1966): 115-118］が論争の的となったことは記しておく価値があります。報告書に関する批評や追跡調査を含んだ興味深い解説は、［Katherine Ellison, "Being Honest about the Pygmalion Effect," *Discover Magazine,* October 29, 2015, https://www.discovermagazine.com/mind/being-honest-about-the-pygmalion-effect］にあります。

7. Bell Hooks, *Teaching to Transgress: Education as the Practice of Freedom* (New York: Routledge, 1994), 3.〔ベル・フックス著、里見実、堀田碧、朴和美、吉原令子訳（2006）『とびこえよ、その囲いを——自由の実践としてのフェミニズム教育』新水社、pp.5-6〕

8. 同上。

●第12章

題辞1: Bill Thurston, October 30, 2010, reply to "What's a Mathematician To Do?," *Math Overflow,* https://mathoverflow.net/questions/43690/whats-a-mathematician-to-do.

題辞2: Deanna Haunsperger, "The Inclusion Principle: The Importance of Community in Mathematics," MAA Retiring Presidential Address, Joint Mathematics Meeting, Baltimore, January 19, 2019; video available at https://

www.youtube.com/watch?v=jwAE3iHi4vM.

1. Parker Palmer, *To Know as We Are Known* (New York: Harper Collins, 1993), 9.

2. Gina Kolata, "Scientist at Work: Andrew Wiles; Math Whiz Who Battled 350-Year-Old Problem," *New York Times*, June 29, 1993, https://www.nytimes.com/1993/06/29/science/scientist-at-work-andrew-wiles-math-whiz-who-battled-350-year-old-problem.html. ワイルズの誤りは、リチャード・テイラーの助けを借りて、数年後に修復されました。

3. Dennis Overbye, "Elusive Proof, Elusive Prover: A New Mathematical Mystery," *New York Times*, August 15, 2006, https://www.nytimes.com/2006/08/15/science/15math.html.

4. Thomas Lin, "After Prime Proof, an Unlikely Star Rises," *Quanta Magazine*, April 2, 2015, https://www.quantamagazine.org/yitang-zhang-and-the-mystery-of-numbers-20150402/.

5. Jerrold W. Grossman, "Patterns of Collaboration in Mathematical Research," *SIAM News* 35, no. 9 (November 2002): 8–9; https://archive.siam.org/pdf/news/485.pdf.

6. ここでは、多くの人に魅力的なプログラムのほんの一部について触れておくことにします。全米では、定期的に子供たちを集めて、潜在性の高い問題に気楽に取り組むことで、発見と興奮を体験する「数学サークル」が200以上あります。全米数学サークルのホームページ（https://mathcircles.org/）から、グループを見つけることができます。BEAM（Bridge to Enter Advanced Mathematics; https://www.beammath.org）では、十分な教育を受けていない生徒が、科学の専門の道に入るのを助ける短期プログラムや居住型プログラムがあります。私は過去にMathPath（https://www.mathpath.org/）と呼ばれる数学のキャンプで教えたことがあります。毎年夏に、中学校の生徒たちを集めて、数学とアウトドアを合わせた活動を行うものです。あらゆる教育レベルでこのようなプログラムがあります。パークシティ数学研究所（Park City Mathematics Institute; https://www.ias.edu/pcmi/programs）には、数学教師（と他の数学コミュニティーのグループ）が、数学教育と指導について内省するための3週間の夏季プログラムがあります。

7. Talithia Williams, Power in Numbers: *The Rebel Women of Mathematics* (New York: Race Point, 2018); *101 Careers in Mathematics*, ed. Andrew Sterrett, 3rd ed. (Washington DC: Mathematical Association of America, 2014).

8. Simone Weil, letter to Father Perrin, collected in *Waiting for God*, trans. Emma Craufurd (London: Routledge & K. Paul, 1951), 64. 〔前掲書『神を待

ちのぞむ　新装版』「ペラン神父への手紙」p.39〕〈訳注：本書 p.216の訳は邦訳版からの引用ではなく、訳者によるもの〉

9. *MAA Instructional Practices Guide* (2017) from the Mathematical Association of America, https://www.maa.org/programs-and-communities/curriculum%20resources/instructional-practices-guide.

10. Darryl Yong, "Active Learning 2.0: Making It Inclusive," *Adventures in Teaching* (blog), August 30, 2017, https://profteacher.com/2017/08/30/active-learning-2-0-making-it-inclusive/.

11. Ilana Seidel Horn's book *Motivated: Designing Math Classrooms Where Students Want to Join In* (Portsmouth, NH: Heinemann, 2017).

12. Justin Wolfers, "When Teamwork Doesn't Work for Women," *New York Times,* January 8, 2016, https://www.nytimes.com/2016/01/10/upshot/when-teamwork-doesnt-work-for-women.html.

13. Association for Women in Science-Mathematical Association of America Joint Task Force on Prizes and Awards, "Guidelines for MAA Selection Committees: Avoiding Implicit Bias" (prepared August 2011, approved August 2012), Mathematical Association of America, https://www.maa.org/sites/default/files/pdf/ABOUTMAA/AvoidingImplicitBias_revisionMarch2018.pdf.

14. Karen Uhlenbeck, "Coming to Grips with Success," *Math Horizons* 3, no. 4 (April 1996): 17.

●第13章

題辞1：1 Corinthians 13: 1 (Good News Translation).

題辞2：*The Papers of Martin Luther King, Jr.*, ed. Clayborne Carson, vol.1, *Called to Serve: January 1929-June 1951,* ed. Ralph E. Lucker and Penny A. Russell (Berkeley: University of California Press, 1992), 124.

1. Hannah Fry, *The Mathematics of Love: Patterns, Proofs, and the Search for the Ultimate Equation* (New York: Simon & Schuster, 2015). 〔ハンナ・フライ著、森本元太郎訳（2017）『恋愛を数学する』朝日出版社〕

2. Simone Weil, letter to Father Perrin, collected in *Waiting for God,* trans. Emma Craufurd (London: Routledge & K. Paul, 1951), 64. 〔前掲書『神を待ちのぞむ　新装版』「ペラン神父への手紙」p.39〕〈訳注：本書 p.239の訳は邦訳版からの引用ではなく、訳者によるもの〉

3. Francis Edward Su, "The Lesson of Grace in Teaching," in *The Best Writing on Mathematics 2014,* ed. Mircea Petici (Princeton: Princeton University Press, 2014), 188–197, http://mathyawp.blogspot.com/2013/01/the-

lesson-of-grace-in-teaching.html.

4. Simone Weil, "Reflections on the Right Use of School Studies with a View to the Love of God," in *Waiting for God,* trans. Emma Craufurd (London: Routledge & K. Paul, 1951), 115.〔前掲書『神を待ちのぞむ』「神への愛のために学校の勉強を活用することについての省察」pp.103-104〕〈訳注：本書 pp.240-241の訳は邦訳版からの引用ではなく、訳者によるもの〉

●謝 辞

引用したシモーヌ・ヴェイユの原文は、"L'attention est la forme la plus rare et la plus pure de la générosité" です［Weil and Joë Bousquet, *Correspondance* (Lausanne: Editions l'Age d'Homme, 1982), 18］。

■著者紹介

Francis Su（フランシス・スー）

ハービー・マッド大学数学科ベネディクソン・カルワ冠教授(Benediktsson-Karwa Professor of Mathematics at Harvey Mudd College)。アメリカ数学協会元会長。ハーバード大学大学院修了、数学博士。幾何学的組合せ論と社会科学への応用研究に従事。数学教育とその普及にも情熱を注ぎ、数学教育に関する顕著な功績に対してハイモ賞（2013年）を、執筆活動に対してハルモス・フォード賞（2018年）を受賞。学部生との共著論文も多数発表。本書『数学が人生を豊かにする』（原題：*Mathematics for Human Flourishing*, Yale University Press, 2020）は2021年にオイラーブック賞を受賞し、8か国語に翻訳されている。

■訳者紹介

徳田　功（とくだ・いさお）

立命館大学理工学部機械工学科教授。工学博士（東京大学）。室蘭工業大学工学部情報工学科助手、同助教授、北陸先端科学技術大学院大学情報科学研究科准教授、立命館大学理工学部マイクロ機械システム工学科准教授などを経て、現職。現在の専門分野は、生命・健康・医療情報学、知能機械学・機械システム。翻訳書に、『数学者たちの黒板』（ジェシカ・ワイン著、草思社、2023年)、『不確実性を飼いならす――予測不能な世界を読み解く科学』（イアン・スチュアート著、白揚社、2021年)、『インフィニティ・パワー――宇宙の謎を解き明かす微積分』（S・ストロガッツ著、丸善出版、2020年）など。

数学が人生を豊かにする
塀の中の青年と心優しき数学者の往復書簡

2024年4月1日　第1版第1刷発行

著　者 —— フランシス・スー
訳　者 —— 徳田　功
発行所 —— 株式会社日本評論社
〒170-8474　東京都豊島区南大塚3-12-4
電話　03-3987-8621（販売）03-3987-8595（編集）
ウェブサイト　https://www.nippyo.co.jp/
印　刷 —— 精文堂印刷株式会社
製　本 —— 牧製本印刷株式会社
装　幀 —— iwor 妹尾浩也

ISBN978-4-535-78979-1　Printed in Japan